le Japon

SOMMAIRE

LES PAYSAGES	**6**
LE PASSÉ	**16**
LE PRÉSENT	**34**
LES GRANDES ÉTAPES	**44**
LA VIE QUOTIDIENNE	**83**
LES TRADITIONS	**98**
L'ART	**114**
LA LITTÉRATURE	**129**
LA MUSIQUE	**140**
LES VACANCES	**144**

Les textes sont de **Danielle Elisseeff** : Passé et Art - **Alain Bouc** : Présent - **Jacques Pezeu-Massabuau** : Grandes Étapes, Vie quotidienne et Vacances - **Maurice Pinguet** : Traditions - **René Sieffert** : Littérature - **André Gauthier** : Musique.

COLLECTION DIRIGÉE PAR DANIEL MOREAU

Photographie de la couverture : tête de bouddha (Amida de Wyorai); le grand torii de Miyajima; bains (communs aux deux sexes); fête des enfants à Tokyo. Pages de garde : I. Cérémonie du thé à Kyoto; 2 La côte à Matsushima. Page de titre (à droite) : tête de Bajira Taisho (VIIIe s.), Nara.

MONDE ET VOYAGES

le Japon

LIBRAIRIE LAROUSSE • PARIS VIe

LE RELIEF

L'archipel japonais, comprenant 1 042 îles d'une superficie totale de 369 813 km², s'étend du 30e au 45e degré de latitude Nord. Ces îles jalonnent des arcs tectoniques actifs qui voisinent avec des fosses sous-marines très profondes de l'océan Pacifique (plus de 8 000 m). Le Japon est un pays au relief instable, où les multiples fractures ont délimité des lacs, découpé les côtes en baies ramifiées et donné naissance à de nombreux volcans, dont le plus célèbre, le Fuji-Yama, constitue le point culminant de l'archipel (3 778 m). Les tremblements de terre sont fréquents, et les modifications soudaines de la topographie sous-marine provoquent souvent des raz de marée catastrophiques, les *tsunamis*. La « Fossa Magna », fossé tectonique au cœur de Honshū, délimite deux grands ensembles : le Japon méridional, qui comprend les îles de Kyūshū, de Shikoku et le sud de Honshū, dont elles sont séparées par la mer Intérieure; et le Japon septentrional, qui est constitué par le nord de Honshū et l'île de Hokkaidō. La configuration tourmentée du pays rend partout difficiles les communications transversales, bien que sa largeur ne dépasse jamais 280 km. 15 p. 100 seulement de la superficie totale est composé de terres planes ou de pentes modérées; quant aux montagnes, coupées de vallées profondes, elles sont d'une grande diversité de formes, résultant de la rupture des socles anciens, du volcanisme ou de l'érosion.

LE CLIMAT

Première terre asiatique à l'ouest de l'océan Pacifique, le Japon est dans le domaine de la mousson, mais le relief montagneux et l'insularité modifient ses caractères. En hiver, des périodes de froid intense sont provoquées par les vents du nord-ouest provenant de l'Asie intérieure; mais elles ne durent guère que dans les montagnes, dans le nord de Honshū et à Hokkaidō, dont les côtes sont parfois gelées. Plus au sud, la mousson asiatique se charge d'humidité sur la mer du Japon, se réchauffe au contact du courant chaud de Tsushima et déclenche des pluies très abondantes sur les côtes et les montagnes occidentales de Honshū; au sud du pays, la latitude et la proximité d'un autre courant chaud, le Kuro-shio, issu de la mer de Chine, exercent une influence adoucissante, qui marque l'hiver d'une nuance tropicale. La mousson d'été, rendue très humide par un long parcours océanique, déverse des pluies torrentielles sur les côtes méridionales et sud-orientales et imprègne le Japon d'un air tropical chaud et humide. Des typhons d'une violence extraordinaire ravagent le pays à l'époque du renversement de la mousson. L'alternance des influences tempérée continentale et tropicale impose un climat aux contrastes très accentués (Tōkyō : 3 °C en moyenne en janvier, 25 °C en juillet).

LA VÉGÉTATION

L'extension considérable du territoire japonais en latitude et l'irruption de vents et de courants marins d'origine tropicale en pleine zone tempérée provoquent l'interpénétration des flores tempérée et tropicale au centre du Japon et leur superposition en altitude dans la partie méridionale de l'archipel : à Kyūshū, à Shikoku et dans le sud de Honshū, où l'hiver est à peine sensible, les camphriers et les magnoliacées se dressent au-dessus d'un sous-bois de bambous, de fougères arborescentes et d'orchidées, où apparaissent aussi des palmiers et des bananiers. Au nord de l'archipel et sur les moyens et hauts versants du Japon central, des forêts de chênes, de châtaigniers, de hêtres, d'érables, de bouleaux et de conifères se substituent aux essences tropicales. Au centre, sur les basses pentes des montagnes, les deux flores se mêlent et composent ces paysages singuliers, thème favori des artistes et des poètes japonais, qui célèbrent tour à tour la floraison des cerisiers au printemps et celle du lotus tropical en été.

LA POPULATION

La population japonaise a triplé en moins d'un siècle : 32 millions d'habitants en 1872, 55 millions en 1920, 72 millions en 1940 et plus de 104 millions aujourd'hui. La baisse récente du taux de natalité (moins de 20 p. 1 000 actuellement), résultant surtout de la politique de limitation des naissances, a ralenti sensiblement le rythme de croissance, bien que, parallèlement, le taux de mortalité ait diminué très nettement (8 p. 1 000). L'accroissement annuel est d'un million d'habitants environ.

La densité moyenne du Japon est très élevée, puisqu'elle dépasse 260 habitants au kilomètre carré. Mais la population est inégalement répartie; elle se concentre dans le Sud, au climat plus favorable et aux sols plus riches. Ainsi, la densité moyenne est inférieure à 70 à Hokkaidō; elle dépasse 225 à Shikoku, est de l'ordre de 320 à Honshū et elle est supérieure à 330 à Kyūshū. Une part sans cesse croissante de cette population se groupe dans les agglomérations urbaines. Les villes sont nombreuses et très peuplées; six d'entre elles dépassent déjà 1 million d'habitants.

LES GRANDES VILLES

Tōkyō	11 000 000 hab.
Ōsaka	3 300 000 —
Nagoya	1 930 000 —
Yokohama	1 800 000 —
Kyōto	1 400 000 —
Kōbe	1 200 000 —
Kita Kyūshū	1 080 000 —
Kawasaki	760 000 —
Fukuoka	750 000 —
Sapporo	750 000 —
Hiroshima	525 000 —
Sendai	505 000 —

© Librairie Larousse, 1971.

Librairie Larousse (Canada) limitée, propriétaire pour le Canada des droits d'auteur et des marques de commerce Larousse. — Distributeur exclusif au Canada : les Éditions Françaises Inc., licencié quant aux droits d'auteur et usager inscrit des marques pour le Canada.

ISBN 2-03-053115-4

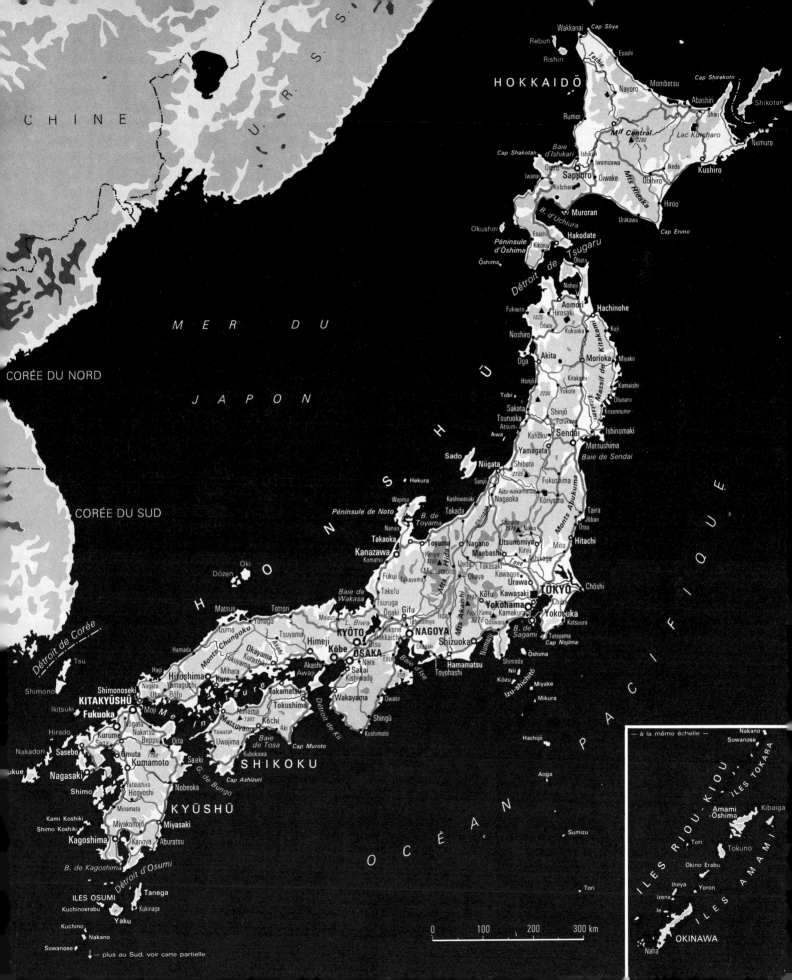

U.R.S.S.

CHINE

CORÉE DU NORD

CORÉE DU SUD

MER DU JAPON

OCÉAN PACIFIQUE

HOKKAIDŌ

Wakkanai　Cap Sōya
Rebun　Esashi
Rishiri
Teshio
Nayoro　Mombetsu
Cap Shirekoto
Rumoi　Abashiri
Shikotan
Shari
Mʳ Central
2290　Lac Kutcharo
Cap Shakotan　Ishikari
Iwamizawa　Ikeda　Kushiro
Otaru　Iwamizawa　Obihiro
Iwanai　Sapporo　Oiwake　Nemuro
Kutchan
B. d'Uchiura
Muroran　Hiroo
Okushiri　Urakawa
Esashi　Cap Erimo
Péninsule　Hakodate
d'Oshima　Kikonai　Ōhata
Ōshima　Noheji

Aomori　Hachinohe
Fukaura　Hirosaki　Kuji
1625　Ōdate　Kukuoka
Noshiro　Kitakami
Oga　Akita　Morioka　Miyako
Honjō　Kitakami　Kamaishi
Tobi　Yokote　Ōfunato
Sakata　2230　Kesennuma
Tsuruoka　Shinjō　Ishinomaki
Atsumi　Furukawa
Awa　Kahoku　Sendai
Yamagata　Matsushima
Sado　Shibata　Baie de Sendai
Niigata　Fukushima
2105
Hekura　Sanjō　Aizu-wakamatsu
Nagaoka　Kōriyama
Kashiwazaki
Wajima　Takada　Monts Abukuma
Péninsule de Noto　Shinano
Nanao　Shirane　Nikko　Taira
B. de　2578　Jōban
Takaoka　Toyama　Nagano　Utsunomiya　Ōtsu
Kanazawa　Yariga　Hida　Maebashi　Mito　Hitachi
Komatsu　3180　Ueda　Kiryu　Ashikaga
Fukui　Matsumoto　Takasaki
Oki　Takayama　Okaya　Kawagoe　Ūrawa
Dōzen　Takefu　Mts　Iida　Tone
Baie de　Tsuruga　Akashi　Fuji Yama　TOKYO　Chōshi
Wakasa　Ōgaki　Gifu　3192　Kōfu　Kawasaki
Matsue　Maizuru　L. Biwa　3776　Yokohama
Tottori　Hikone　Ōtsu　NAGOYA　Kamakura　Yokosuka
Izumo　Yonago　KYŌTO　Hokkaichi　Odawara　Katsuura
Hamada　Tsuyama　Ōsaka　Shizuoka　B. de
Monts Chungoku　Okayama　KŌBE　Nara　Hamamatsu　Sagami
Hagi　Fukuyama　Kurashiki　ŌSAKA　Ise　Cap Nojima
Hiroshima　Mihara　Akashi　Sakai　Toyohashi　Ōshima
Yamaguchi　Kure　Awaji　Kishiwada　Ōwase　Nii
Shimonoseki　Bōfu　Takamatsu　Wakayama　Shingū　Kōzu　Miyake
KITAKYŪSHŪ　Moji　Tokushima　Kushimoto　Izu-shichitō　Mikura
Fukuoka　Matsuyama　Kōchi　Détroit de Kii
Ikitsuki　Niihama　Aki
Hirado　Nagato　1981
Nogata　Yawatao　Baie
Nakatsu　Beppu　Uwajima　de Tosa　Cap Muroto
Sasebo　Saga　Ōita　Kubokawa
Nakadori　Kurume　Cap Ashizuri
Nagasaki　Ōmuta　1790　Saeki　SHIKOKU
Kumamoto　Nobeoka　G. de Bungo
Shimo　Yatsushiro
Kami Koshiki　Hitoyoshi　KYŪSHŪ
Shimo Koshiki　Minamata
Miyakonojō　Miyasaki
Kagoshima　Kanoya　Aburatsu
B. de Kagoshima
Détroit d'Osumi
ILES OSUMI　Tanega
Kuchinoerabu　Kukinaga
Yaku
Kuchino
Nakano
Suwanose　↓ plus au Sud, voir carte partielle

Détroit de Corée
Tsu
Shimono

Détroit de Tsugaru

HONSHŪ

MER INTÉRIEURE

0　100　200　300 km

— à la même échelle —
Nakano
Suwanose

ILES RIOU-KIOU
ILES TOKARA
Amami-Ōshima　Kibaiga
Tori
Tokuno
Okino Erabu
Iheya　Yoron
Izena
Ie
Naha　OKINAWA
ILES AMAMI

Les paysages

**Repiquage du riz
dans l'île de Shikoku**

*« Au cinquième mois,
lorsqu'on fleurit les toits d'iris,
lorsqu'on plante le jeune riz,
au cri martelé du râle d'eau,
le cœur se serre de tristesse. »*
Urabe Kenkō

6

Dressage des cormorans

« Il part joyeux!
Il revient triste!...
Le bateau des cormorans. »

Basho

(Les oiseaux-pêcheurs sont déçus :
leur maître a ravi les poissons qu'ils avaient pris.)

Cerisiers en fleur

« En mai,
Un midi
En fleur. »
Miki Rofu

Le mont Fouji

*« Depuis le temps
où furent séparés
Le Ciel et la Terre,
Altier et vénérable
Dans son isolement
divin,
Le haut mont Fouji
Du pays de Sourouga...
Même les blancs nuages
N'osent passer;
Et, perpétuellement,
La neige tombe.
Je voudrais
raconter à jamais,
Célébrer à jamais
Ce haut mont Fouji! »*

Yamabe no Akahito

Neige à Gifu

*« Ne foule pas la neige
Tombée auprès de ce palais!
Rarement elle y fut si abondante...
Oh! passant, je t'en supplie,
Cette neige, ne la foule point!... »*

Mikata no Sami

Mousson

« *Quel contretemps,
la pluie qui vient de tomber!* »

Ueda Alinari

Château de Himeji,
au sud de Honshū

«...*Il put se renseigner de première main sur la vie des militaires et sur l'art de la guerre.* »

Urabe Kenkō

Lavage des tissus sur la Kamo, à Kyōto

« J'aime les étoffes violet-pourpre...
Les tissus couleur de prunier rouge
sont jolis aussi, mais on en voit tant
que j'en suis fatiguée... »   Sei Shōnagon

Ilot de l'archipel Matsushima

« Empereur d'une île
Sans sujet de vexation
Combien serait-ce délassant! »

Natsume Soseki

Rizières près du mont Aso
(Kyūshū)

« Dans le paysage,
comme une éponge mouillée...
je ne vois homme ni bête... »

Hagiwara Sakutaro

Le passé

Temple shintō à Izumo.

*Figurine jōmon
(Ier millénaire av. J.-C.).*

Si le nom du Japon évoque spontanément la vision insulaire d'un archipel tourmenté, il n'en fut pas toujours ainsi. Le Japon est l'un des rares pays dont on puisse, en remontant le long fil de la mémoire humaine, contempler la naissance.

Avant que les dislocations de l'écorce terrestre eussent excavé les vertigineuses fosses marines le long des côtes de l'extrême Asie, il n'existait point de Japon, pas plus que n'apparaissaient Formose ou la péninsule coréenne : le lourd continent eurasiatique s'avançait massivement dans la mer. Mais, au début de l'ère quaternaire, une bande côtière commença peu à peu à se dégager. Beaucoup plus tard, les effondrements successifs isolèrent ce long croissant montagneux, et dans le cataclysme — ou la série de cataclysmes — furent engloutis sans doute bien des hommes et, avec eux, tout ce qui permettrait aujourd'hui de reconstituer avec plus de lumières la nature et l'existence des premières civilisations qui s'implantèrent au Japon. L'ar-

chipel nippon était né et entrait dans une phase de vigoureuse activité volcanique qui allait donner aux îles leur faciès quasi définitif. C'est donc dans cette tourmente de roches broyées et de feu que commence l'histoire du Japon.

AVANT ET APRÈS LA POTERIE

Depuis les découvertes faites en 1949 à Iwajuku, livrant des outils en pierre issus des coulées volcaniques elles-mêmes ou des couches de terrain inférieures, les archéologues japonais vivent l'extraordinaire renaissance de ces hommes que secoua la furie des volcans — humbles tailleurs de pierre dont les plus anciens sont apparentés

au sinanthrope de Tcheou-k'eou-t'ien. La chronologie absolue ainsi que la suite des étapes locales restent difficiles à établir, car, si les sites sont nombreux, les objets trouvés sont relativement rares. La nature de cette culture qui, peu avant l'apparition de la poterie, sut produire en quantité de remarquables microlithes en obsidienne ou en andésite est encore si confuse qu'elle est simplement et prudemment nommée « culture sans poterie » ou « culture d'avant la poterie ».

Avec la poterie, on entre dans le monde des chasseurs et des pêcheurs, qui bénéficièrent progressivement d'un matériel de plus en plus diversifié et efficace, d'abord en pierre taillée, puis en pierre polie. Ils apprirent aussi à bâtir des cabanes, bientôt groupées en villages. Les hommes de ce temps étaient animés de vifs sentiments religieux : ils se mirent à ensevelir leurs morts; ils sculptèrent ou réalisèrent en terre cuite d'étonnantes statuettes aux yeux démesurés, pourvues de hanches volumineuses et dont le caractère évocateur de la fertilité semble affirmé.

A cette époque se formèrent les premiers éléments d'un art japonais matérialisé alors par la poterie : de plus en plus raffinée, la céramique dite *jōmon* était réalisée sans l'aide du tour. Elle présente une grande variété de motifs décoratifs, dont le plus répandu est produit par l'impression de cordes sur le vase. C'est le terme désignant cette technique — *jōmon* — qu'emploient les archéologues japonais pour désigner tout le complexe culturel dont ce type de poterie est l'élément le plus courant. On s'interroge toujours sur la chronologie et les antécédents sibériens, chinois ou coréens de cette étrange production. L'inspiration chinoise devient en tout cas évidente, à la fin de la période, dans toute la production de *Kamegaoka*.

Ainsi apparaît déjà l'un des principaux éléments de l'histoire de l'archipel, celui des emprunts que le Japon fit ou qu'on l'accusa de faire à l'une ou l'autre civilisation. Humble frange littorale d'un vieux continent, le Japon ne connaissait encore que la vie libre, mais mal assurée, des hommes prédateurs à une époque où l'Empire chinois était déjà constitué, pourvu d'un passé, d'une administration, d'une maîtrise technique alors inconnue dans le monde. Et si la mer fut un lien, dès le paléolithique supérieur, entre l'Empire du Milieu et les îles, il n'en demeura pas moins que les apports de civilisations ne purent se faire que par à-coups, au rythme lent des bateaux qu'épargnait la tempête. Toutes les nouveautés arrivèrent ainsi pêle-mêle, et la rareté de ces apports extérieurs leur conférait l'impact d'une pierre tombant dans une mare. Il n'y eut point ici, comme ailleurs, de ces infiltrations lentes qui rendent invisible le processus d'emprunt. Il n'y eut qu'une succession de chocs.

Des témoignages de plus en plus nombreux prouvent que, dès le milieu du *jōmon*, les chasseurs-pêcheurs pratiquaient une agriculture embryonnaire. Si ces hommes continuèrent à vivre avant tout de cueillette, comme le montrent leurs gigantesques tas d'ordures — des amas de coquillages qui sont aujourd'hui la providence de l'archéologue —, ils avaient déjà acquis un nombre d'éléments suffisant pour permettre la grande mutation agricole qui allait bientôt se produire.

LES GROS VILLAGES « YAYOI »

Le développement qui s'était poursuivi tout au long de l'époque jōmon et s'était déjà traduit par une large sédentarisation des communautés villageoises primitives aboutit à l'épanouissement d'une culture nouvelle, caractérisée par l'apparition du bronze, de la riziculture en terrains inondés et d'une nouvelle poterie réalisée à l'aide du tour. L'avènement de ce Japon agraire sembla longtemps si miraculeux qu'on parla de mutations et de migrations massives d'hommes venus d'ailleurs, porteurs des nouvelles techniques.

L'origine continentale du *yayoi* — ainsi désigne-t-on la nouvelle période — n'est plus contestée, à l'inverse de celle du jōmon. L'impact chinois au Kyūshū est, en effet, manifeste, de

Jimmu tennō, premier empereur du Japon, arrive en Yamato.

même que les troubles qui secouaient alors le continent au IIIe siècle avant notre ère et provoquaient l'émigration de populations cherchant dans l'exil la promesse d'une possibilité de vie. Terre refuge, le Kyūshū connut alors deux types d'immigrants : ceux qui venaient du nord, à travers la Corée, et ceux qui venaient du sud. Ainsi le Japon apprit-il les techniques de deux agricultures différentes : en terrain sec, comme cela se pratiquait en Chine du Nord, et en terrasses irriguées, selon la méthode de la Chine du Sud.

Qui dit riziculture dit forte organisation villageoise communautaire : ainsi se développèrent les gros villages yayoi, situés sur des buttes, légèrement au-dessus des terrains cultivés, et pourvus de greniers collectifs. L'outillage, en bois, en pierre et parfois en métal quand il venait du continent, était très élaboré, de même que l'agencement des circuits d'irrigation. Les maisons, au long toit de chaume soutenu par une charpente en bois, inspirèrent plus tard le fier style national, symbolisé par les temples shintoïques d'Ise et d'Izumo.

L'inhumation des morts, qu'elle se fît dans des cistes, sous des dolmens, dans des jarres funéraires et parfois même dans des tombeaux entourés d'un fossé, devint matière à des cérémonies de plus en plus grandes. Plus on avance dans le temps et plus le matériel funéraire est riche : ocre, parures, armes, miroirs en bronze, tout témoigne de la prééminence reconnue de certains défunts. L'ancien culte de la fécondité semble abandonné, le culte des morts devient l'une des plus importantes manifestations religieuses;

Guerrier de l'époque jōmon.

parallèlement se diffuse sans doute une nouvelle conception de la fertilité, source de puissance qu'il faut arracher au sol et aux éléments, plus combative qu'autrefois, symbolisée par ces trois merveilles venues peut-être du royaume de Yue et qui resteront jusqu'à nos jours les emblèmes de l'empire : la perle, l'épée et le miroir.

L'ÉTAPE DU MÉTAL

Les perles, qu'elles fussent droites (*kudatama*) ou crochues en forme de dent ou de griffe de tigre (*magatama*), pouvaient être fabriquées au Japon même, où l'on a retrouvé des moules servant à les couler. Il n'en

était pas de même pour les bronzes. Relativement peu riche en minerais, le sol des îles ne pouvait inspirer aux hommes qui l'habitaient le besoin de travailler le métal. L'étincelle créatrice naquit des importations continentales. Les premières réalisations du chalcolithique japonais furent obtenues, pense-t-on, en fondant des bronzes chinois importés en grandes quantités.

Mais la création d'une métallurgie nécessitait, en effet, que le stade purement agricole fût dépassé et impliquait l'existence d'un artisanat. Cette étape fut atteinte en même temps dans le nord et le centre du Kyūshū, ainsi que dans la plaine du Yamato, englobant les futures villes de Nara et de Kyōto. Tandis que la moitié nord du Kyūshū fabriquait des lances en spatule, la région du Kinki (plaine de Yamato) recopiait, en les agrandissant parfois démesurément, les petites cloches sans battant, à section ovale brisée, qui faisaient partie de l'attirail des *chamans* (sorciers) d'Eurasie.

Parallèlement à ces transformations, la céramique changea, elle aussi, à tel point qu'elle sert ordinairement pour caractériser toute la période (IIIe siècle avant - IIIe siècle apr. J.-C.) et qu'elle définit à elle seule l'établissement d'agriculteurs yayoi là même où se perpétua longtemps un type de chasse encore jōmon, comme dans le Nord-Est ou dans le Hokkaidō. Les copies de modèles métalliques continentaux furent de plus en plus nombreuses. L'usage du tour entraîna une plus grande régularité des parois, tandis que se perfectionnaient les procédés de cuisson. Ces améliorations permirent la réalisation des grandes jarres funéraires, qui, parfois, atteignaient plus d'un mètre.

RÉCITS DES ENVOYÉS CHINOIS

Un document écrit permet d'imaginer la structure de cette poussière de tribus érigées en Etats qui se partageaient alors le sol japonais : les annales chinoises de l'*Histoire des Wei*, fondées sur les récits des envoyés officiels de l'empereur ou sur celui des marchands qui avaient effectivement accompli le voyage.

« [...] Si l'on passe encore la mer, on arrive au *Matsura kuni*. On y compte plus de 4 000 feux, établis entre les montagnes qui bordent le rivage et la mer. La végétation y est belle, le poisson abondant; les eaux étant peu profondes, tout le monde peut y puiser sa pitance. En s'avançant vers le sud-est à l'intérieur des terres, on arrive en *Ito*, pays de 1 000 feux, régi par une reine

« Site de Kanazawa, sous la lune d'automne », par Hiroshige.

auprès de qui les gouverneurs des départements viennent souvent rendre compte de leur administration. Si l'on avance encore vers le sud-est, on arrive au pays de *Na,* de plus de 2 000 feux. De là, en allant vers l'est, en traversant la mer, on passe au *Fumi,* de plus de 1 000 feux. Puis on va vers le sud jusqu'au pays de *Tsuma,* où il y a peut-être plus de 5 000 feux. Après encore une traversée de dix jours en mer, on arrive au *Yamatai,* dont le chef est une reine. C'est le plus puissant de toute une série de pays régis par elle. Mais au sud, il y a le *Kunu,* dont le roi est un homme. Les hommes y sont de taille moyenne et ont le corps couvert de tatouages très variés, et qui diffèrent de ceux des autres pays. Les hommes y sont menuisiers, et les femmes, tisserandes, confectionnent les vêtements. Les textiles y sont variés. Il n'y a ni chevaux ni bœufs. Les guerriers utilisent un arc pointu en bois et des carreaux en bambou ou bien des pointes de flèche, soit en fer, soit en os...

« [...] La terre des Wa est chaude. Hiver comme été, on fait pousser des légumes; ils vont tous pieds nus. Il y a des maisons dans lesquelles parents et enfants se reposent en des endroits différents. Ils se peignent le corps en rouge; ils utilisent de la poudre comme en Chine. Ils boivent une boisson à base de haricots. Quand quelqu'un meurt, on le place dans un cercueil sans couvercle et on fait un tumulus; la famille commence une retraite d'au moins dix jours : l'on s'abstient de manger de la viande et l'on pleure, tandis que d'autres personnes (qui ne sont pas de la famille) se mettent à chanter et à danser en buvant du vin. Une fois les funérailles terminées, toute la famille se purifie dans l'eau. Lorsque quelqu'un doit passer la mer pour se rendre en Chine, l'on choisit un magicien, qui, afin d'attirer la bonne chance, ne doit ni se coiffer, ni se laver, ni manger de la viande, ni s'approcher d'une femme. Ce magicien reçoit des présents si le voyage se fait sans encombre, mais est mis à mort si un malheur se produit.

« [...] Les femmes ne sont pas jalouses. Les grands personnages en ont quatre ou cinq et les autres seulement deux ou trois.

« [...] Dans tous les pays, il y a des villes; quand il y a un marché, il est surveillé par un envoyé du grand Wa.

« [...] Ce pays, autrefois, avait pour souverain un homme; mais il y a soixante-dix ou quatre-vingts ans, le pays de Wa connut la guerre civile [...]. L'union finit par se faire autour d'une reine qui avait nom Himiko

[Pimiko]. Elle pratiquait le chamanisme, savait diriger les masses et était chargée d'années; elle n'avait pas de mari, mais était pourvue d'un fils.

« [...] Vers le sud, il y a encore le pays des Nains, où les hommes n'ont pas

Une impératrice conquérante : Jingō Kōgō (IVe s.).

plus de trois ou quatre pieds de haut. Il y a encore le pays des hommes nus, le pays des Dents noires [...]. »

LES GRANDES SÉPULTURES

Après ces lumières sur le Japon de la fin du yayoi, c'est le trou noir, jusqu'au moment où apparaît au centre du Honshū, dans la région de l'actuelle

Nara, un Etat complexe et suffisamment puissant pour entreprendre la conquête de la Corée, alors en proie à l'anarchie intérieure, et s'y maintenir jusqu'en l'an 562 de notre ère. Il est connu sous le nom de « Cour du Yamato » (Yamato chōtei), Yamato signifiant littéralement « la grande paix ». Cette *pax nipponica* correspond à l'ère culturelle des grandes sépultures (kofun jidai) qui couvrirent le pays de la fin du IIIe siècle jusqu'à la fin du VIe, quand l'introduction du bouddhisme (date officielle, 538) généralisa la pratique de la crémation. Cette période est caractérisée par

*Le prince Shōtoku Taishi
et ses deux fils.*

l'usage massif du fer et par le développement de ses techniques au Japon. On voit, en effet, des armures et des armes en métal représentées sur les poteries funéraires qui entouraient, à l'origine, le tertre surmontant la sépulture du guerrier défunt. Les mêmes poteries reproduisent aussi les maisons aux longs toits de bois et de chaume, les bateaux en forme de croissants, à une voile, et les animaux familiers des hommes de ce temps : chevaux, chiens, singes.

L'existence d'une aristocratie payant l'impôt du sang, face à un peuple d'agriculteurs qui lui était soumis, est attestée par la seule existence de grandes sépultures pour les guerriers, plus ou moins somptueuses suivant l'importance du personnage. Les plus belles sont les tombes impériales, dont celle de l'empereur Nintoku représente l'ensemble le plus achevé. A l'intérieur, le tombeau se compose d'une chambre funéraire, précédée d'une antichambre et d'un couloir d'accès. Mais les antiques trésors que contenait le tombeau ont été pillés il y a déjà bien des siècles...

Les théories les plus romantiques ont tenté d'expliquer les causes de l'instauration au Japon de cette première forme de société guerrière : par assimilation aux grandes invasions que subit à une époque à peine postérieure l'Europe occidentale, on a parlé de « peuplades de cavaliers » *(kiba minzoku)* qui auraient alors déferlé sur les paisibles agriculteurs du yayoi. En fait, il semble qu'elle résulte tout simplement de l'évolution et du perfectionnement de la civilisation yayoi. L'élément étranger apparut sous l'aspect pacifique d'émigrés coréens fuyant les guerres que provoquaient les Barbares du Nord et les vicissitudes chinoises. Cet apport — le plus souvent artisanal — venu de Corée donna un essor inattendu aux techniques aussi bien qu'à la vie culturelle, grâce à un extraordinaire véhicule de pensée : l'écriture chinoise.

L'AUTORITÉ DE L'ÉTAT

Le Japon historique naît à l'époque Asuka (585-670) et il est modelé par le bouddhisme. Celui-ci, déjà introduit en 538, puis un moment banni, fut définitivement adopté, par un édit impérial, en 594. Le grand artisan de cet alignement culturel de l'archipel sur le continent fut le prince Shōtoku Taishi, neveu de l'impératrice régnante Suiko (592-628). Ce premier venu des grands réformateurs japonais reste entouré d'une vénération un peu semblable à celle que l'on voue en Occident à Charlemagne. Et la raison de cet hommage des siècles, c'est qu'il promulgua les éléments d'une Constitution japonaise qui demeurèrent pratiquement inchangés jusqu'à la Restauration de Meiji, en 1868. Il fixa d'abord, en 603, la hiérarchie des fonctionnaires, répartis en douze classes, que distinguaient douze chapeaux différents, d'où son nom d' « Ordonnance des douze degrés de coiffures ». L'année suivante, il promulguait un code ou, plus exactement, une « Constitution en dix-sept articles » qui instituait à la chinoise l'organisation du jeune Etat.

Cela ne se fit pas sans heurts et il fallut bientôt reprendre et préciser les nouvelles données politiques : quelques décennies plus tard, en 646, la réforme de l'ère Taika introduisait au Japon le système chinois de répartition géométrique des terres, désormais considérées comme propriétés de l'Etat. Ainsi, en un demi-siècle, le pays se transformait radicalement et la nouvelle société acceptait l'autorité toute-puissante de l'Etat. Mais si la réforme fut si complète et si autoritaire, c'est que les forces de désintégration féodales du jeune Etat japonais, au passé déjà agité, menaçaient de faire sombrer dans la ruine et la confusion des particularismes locaux le semblant d'unité qui avait permis l'établissement du royaume de Yamato et même la tentative d'expansion extérieure en Corée. Les rivalités des clans Soga et Mononobe servent, en effet, de fond sonore à tout ce VIIe siècle. S'ils soutinrent eux-mêmes, un moment, la nouvelle législation, par intérêt ou par intelligence, ils ne tardèrent pas à s'y opposer à leur tour.

Cet intense effort de sinisation porta ses fruits et le génie japonais se développa ainsi dans toutes les techniques venues du continent : l'architecture à la chinoise, par exemple, dont le plus beau fleuron demeure le merveilleux Hōryūji, commencé en 607, sur l'ordre de Shōtoku Taishi. Pieusement restauré et reconstruit au cours des siècles selon le modèle primitif, il perpétue jusqu'à nos jours un type de construction bientôt disparu en Chine sous l'impact des déferlements barbares.

L'ÂGE D'OR

Le VIIIe siècle vit, malgré la mauvaise humeur des chefs de clan, s'affirmer le régime centralisateur, et la civilisation parvint à un tel degré d'épanouissement qu'en un siècle le Japon se trouva paré de tous les éléments constitutifs d'un grand État et d'une grande culture : une capitale stable et non plus itinérante, *Heijōkyō* (Capitale du château de la paix), l'actuelle Nara, dont le plan reproduisait celui de la Tch'ang-ngan des T'ang; des temples comme le Yakushiji (730) et le Tōdaiji (745); le célèbre réceptacle des trésors impériaux, le Shōsōin (c. 756); un syllabaire japonais, inventé, selon la légende, par Kibi Makibi (c. 740); une littérature enfin, avec les premiers récits légendaires du *Kojiki* (712), ceux plus historiques du *Nihonshōki* (720), premier essai d'annales à la chinoise, tandis que les *fudoki* (713) s'efforçaient de noter les coutumes et particularités propres à chaque pays du vieux Japon; et bientôt, avec le *Manyōshū* (c. 770-780), paraissait le premier recueil de poésies nippones, même si la langue et le modèle en étaient chinois.

L'armature religieuse du pays fut assurée par l'organisation des *kokubunji*, ou temples bouddhiques d'État, établis dans chaque préfecture. Le pays tout entier se coulait ainsi peu à peu dans le moule chinois que de nombreux codes édictés durant la première moitié du siècle ne cessaient de définir. Pendant ce temps, de fréquents voyages, pèlerinages ou ambassades en Chine, permirent, malgré les périls de la mer, de rapporter une volumineuse documentation sur toutes les branches du savoir, tant spéculatif que pratique ou juridique. L'attrait qu'exerça la grande Chine sur le pays neuf que fut longtemps le Japon apparaît dans un document exemplaire — le récit de voyage du pèlerin Ennin — qui traduit bien cette tradition d'admiration au moment même où la Chine, supprimant, pour des raisons matérielles, un clergé bouddhique tentaculaire, et le Japon, créant sa propre culture, s'écartaient momentanément l'un de l'autre.

Dès la fin du VIIIe siècle, on avait, en effet, senti le début d'une nouvelle époque de l'histoire japonaise, quand l'empereur Kammu, en 794, décida de quitter Heijōkyō, où déjà, comme en Chine, l'influence du clergé bouddhique pesait trop lourdement sur l'administration impériale. Se faisant bâtir une nouvelle capitale, d'abord à *Nagaoka*, puis à *Heiankyō* — Capitale de la paix —, dans la plaine que traversaient les rivières Katsura et Kamo, l'empereur espérait échapper à la prééminence politique — la seule qu'il songeât à leur enlever — des bouddhistes.

Le plan de la nouvelle capitale était en tout point chinois et reproduisait, comme Heijōkyō, l'abandonnée, le tracé géométrique de Tch'ang-ngan, avec le palais impérial situé au nord et tourné vers le sud, où s'ouvrait, au terme d'une longue et large avenue centrale, la porte de la ville, ici *Rashomon*. Ainsi se trouvaient délimitées deux aires urbaines, celle de droite et celle de gauche par rapport à la position du souverain. Ces surfaces étaient elles-mêmes divisées en rectangles par les intersections de longues avenues nord-sud et d'artères est-ouest, désignées par des numéros. La ville a relativement peu modifié ses tracés au cours de son histoire, et de nos jours encore toute adresse à Kyōto se définit par la position en partie droite ou en partie gauche, ainsi que par la mention de la plus proche intersection des rues se coupant à angle droit.

Bien qu'au cours des siècles le nom de *Kyōto* se fût substitué peu à peu au nom de *Heiankyō*, celui-ci servit bientôt à désigner toute l'époque de l'histoire japonaise *Heian jidai*, au cours de laquelle Heiankyō conserva sa suprématie politique avant l'instauration d'un exécutif aux mains des seuls guerriers (1192). Ces quatre siècles (794-1192), qui apparaissent de loin comme l'âge d'or du vieux Japon grâce à l'éclosion d'une civilisation spécifiquement nippone, furent, en fait, constamment secoués de guerres féodales. Le vieux système chinois des unités économiques primitives (*shōen*) s'était, en effet, transformé progressivement en autant de fiefs. Au fil des années, le lien de tous, aristocrates et religieux, avec le gouvernement dont ils avaient reçu leur exploitation en récompense des services rendus ne cessait de s'amenuiser, alors que le gouvernement lui-même en venait à négliger la redistribution périodique des terres conformément à l'évolution démographique.

LES BATAILLES DE CLANS

Le temps passait et le gouvernement se voyait de plus en plus acculé à d'insurmontables difficultés financières. La cause, engrenage irréversible, en était une évasion générale devant l'impôt, liée au développement constant de la propriété privée : les nouveaux propriétaires venaient se placer sous la protection intéressée des grandes familles ou des institutions bouddhistes. A cela s'ajoutait le luxe disproportionné d'une cour par trop raffinée, qui se désintéressait plus ou moins complètement des obligations du pouvoir. On en vint à monnayer des terres, tantôt contre des richesses, tantôt contre des fidélités dont la sincérité était de plus en plus précaire. Et, dans le même mouvement, des courtisans ruinés s'endettaient, offraient leurs biens et leur parole afin de pouvoir affronter les dépenses qu'imposait l'étiquette. Aussi les coteries, dans le sillage des plus riches, abondaient-elles au sein de ce monde clos qu'était la cour impériale.

Un clan dominait tous les autres, celui des Fujiwara, dont l'un des représentants, Michinaga, devint l'homme à tout faire de l'empereur et reçut, en 887, le titre de *kampaku*, ou « maire du

Minamoto Yoritomo terrasse un brigand.

palais ». La suprématie politique de la famille Fujiwara dura jusqu'en 1086, quand un empereur énergique, Shirakawa, réussit tout en semblant se retirer complètement *(insei)*, à tenir dans l'ombre les rênes de la vie politique. D'autres empereurs l'imitèrent — ils se retiraient dans des monastères — et ce système de l'insei, bien qu'il ne fût pas toujours très souple, rendit à la cause impériale de grands services, puisqu'il permit presque cent ans de paix relative. Bientôt, pourtant, les querelles privées reprirent le dessus, et dans les eaux de la Mer intérieure où se déroulait l'affrontement épique des clans Taira et Minamoto s'engloutit pour deux siècles toute velléité impériale de puissance. Avec le jeune prince, âgé de sept ans et qui fut tragiquement noyé au cours de la grande bataille navale de Dan no Ura, en 1185, disparaissait le beau rêve que fut, pour les

Yoshitsune, frère de Yoritomo, triomphe du géant Benkei.

Bataille de Dan no Ura.

favorisés du sort, la civilisation de Heian.

Celle-ci avait été une ère de fermeture à la Chine : les malheurs qui marquèrent et suivirent la chute de la dynastie T'ang (907) avaient, dès 894, conduit la cour nippone à décider d'interrompre ses envois de « missi » à Tch'angngan. Ainsi triompha la politique quelque peu orgueilleuse de Sugawara Michizane, dont l'exil ultérieur, sur une dénonciation calomnieuse, et la fidélité intangible à l'empereur, malgré l'injuste disgrâce, font encore les beaux jours du théâtre *kabuki*. Il faudra attendre le début du XIIIe siècle pour que le flot chinois vienne de nouveau imprégner le Japon et mouler la société des guerriers, peu sensibles au raffinement aristocratique des âges révolus. Pendant trois siècles s'élabora une culture que les barrières politiques mettaient à l'abri des perpétuelles distractions extérieures. Le Japon, saturé d'idées et de techniques reçues pêle-mêle, allait les ordonner, les métamorphoser selon ses propres cheminements de création.

LE « ROULEAU DE GENGI »

La plus importante mutation fut sans doute celle de la langue, effectuée par les femmes, dont l'influence fut grande dans le Japon d'avant les samurai et qui toutes, à la Cour, étaient fort cultivées. Alors que les hommes se devaient d'écrire toujours en chinois, elles traduisirent en langue nationale les contes qui plaisaient à leur imagination. La langue nippone,

jusqu'alors véhicule méprisé réservé aux propos communs, acquit peu à peu ses lettres de noblesse au fur et à mesure qu'elle se décantait dans le creuset aristocratique de la littérature de cour.

Pour voir vivre ce monde oublié, il n'est que de dérouler les rouleaux enluminés *(e-makimono)* du yamato-e, ou peintures à la japonaise, dont l'un des plus beaux demeure le *Rouleau de Gengi* (XIIe s.). On y verra les somptueux habits de cour, les longues chevelures des héroïnes et les maisons anciennes : entre-colonnades parquetées et fermées par des stores, la maison japonaise actuelle avec nattes et

portes coulissantes n'apparaissant qu'à la fin du XVe siècle.

Si l'époque de Heian reste, au-delà des siècles, le témoin fascinant de l'originalité nippone, elle fut loin d'être, pour l'ensemble du pays, le long moment d'oisiveté heureuse et de pur jeu intellectuel que certains privilégiés connurent. A l'ordre et à la beauté des bâtiments officiels s'opposait la pauvreté grandissante des campagnes; la vie cultivée et protocolaire des hommes de cour avait pour contrepartie la brutalité toute-puissante des gens d'armes dans une société où, plus que d'ordinaire, la force brutale primait le droit. Le déséquilibre parvint bientôt au point de rupture, et avec le gouvernement des Fujiwara ne s'effondra pas seulement un clan, mais aussi tout un type d'humanité. L'esthète comtemplateur était mort; le guerrier bâtisseur et penseur assumait désormais seul la reconstitution morale et politique du pays.

KAMAKURA

Cela débuta par un transfert géographique de l'autorité. Depuis longtemps déjà, l'archipel japonais s'était trouvé coupé en deux parties : l'Ouest civilisé, où germaient et fleurissaient toutes les nouveautés, et le Nord-Est, où les populations vivaient encore comme à l'époque lointaine du jōmon. Dans les vallées et les forêts profondes de l'Est montagneux, des groupes qualifiés de « barbares » *(Ebisu)* chassaient et pêchaient ainsi que l'avaient fait leurs ancêtres de l'âge de la pierre. Considérées comme un danger pour la civilisation des plaines, ces régions, alors

Le premier shōgun, Minamoto Yoritomo.

22

reculées, firent très tôt l'objet d'efforts de reconquête dont la classe militaire, sur le chemin de son élévation, était particulièrement friande.

Aussi Minamoto Yoritomo, le vainqueur de Dan no Ura, transforma-t-il en emblème du pouvoir, pour lui et ses descendants, le titre de *Seiitai shōgun* — « général en chef envoyé contre les barbares » —, que l'empereur Gotoba lui octroya en 1192. Pourvu des pleins pouvoirs que confèrent les nécessités du salut national, il transféra dans ses terres orientales, à *Kamakura*, le siège du gouvernement dont il assumait toute la charge réelle. Le maintien de la fiction militaire fit que jusqu'en 1868 on appela *bakufu*, ou « gouvernement de la tente », l'administration et le siège du shōgunat : c'était une allusion à la tente des campements sous laquelle s'installait l'état-major de l'armée en campagne.

S'il dut effectivement conduire la guerre, tant contre les barbares que contre ses rivaux et ennemis personnels, Minamoto Yoritomo attacha surtout son nom à une vigoureuse réforme de toute l'administration du pays. Pour l'accomplir, bonnes volontés et talents ne lui manquèrent pas. De nombreux fonctionnaires, novateurs, mais trop pauvres pour espérer briller un jour dans la hiérarchie de l'administration impériale, accoururent à Kamakura, où la nouveauté de l'institution leur procurait à la fois des emplois, un avancement rapide et la possibilité de se distinguer.

Un dirigisme efficace, telle était à peu près la devise du nouveau gouvernement, dont les artisans furent les contrôleurs civils et militaires. Leurs pouvoirs doublaient et coiffaient ceux des anciens « officiers » impériaux, depuis longtemps réduits à l'inaction ou mués en autant de féodaux. Les guerriers voyaient leurs attributions mieux définies, et l'on reconnaissait enfin ses droits à la classe paysanne. Si dures que fussent les lois, tout agriculteur avait désormais un recours contre les exactions qu'il devait naguère supporter sans mot dire.

En même temps reprirent les contacts avec l'extérieur. Les hommes d'épée, qui alors donnèrent au Japon une nouvelle vigueur, n'appréciaient guère la politique d'isolement que prônait la Cour. Ne trouvant pas en leur pays les éléments d'une civilisation satisfaisante, force leur était bien de tourner leurs regards ailleurs. Or, les contacts avec le continent, qui n'existaient pas officiellement, avaient tout de même lentement repris pour d'impérieuses raisons économiques et financières.

Le grand Bouddha de Nara (VIIIᵉ s.).

POPULARITÉ DU BOUDDHISME

L'une des causes de la prospérité de Kamakura et de la puissance de ses seigneurs est d'ailleurs à chercher dans le commerce continental, que les Minamoto, administrateurs avisés, avaient su développer à titre privé. Et cette Chine que les hommes des XIIᵉ et XIIIᵉ siècles découvraient à l'occasion des transactions commerciales ne ressemblait plus en rien au pauvre empire moribond du Xᵉ siècle. Sous la nouvelle dynastie des Song, pourtant bientôt réfugiée dans le Sud sous la pression des barbares, était née la dernière des grandes civilisations chinoises. L'Empire du Milieu, dont le rayonnement à l'époque des T'ang avait permis la naissance au Japon des âges *Asuka*, *Hakuhō* et *Tempyō* (VIIᵉ-VIIIᵉ s.), redevenait pour l'archipel abandonné à lui-même le phare et la source d'un puissant renouveau.

Celui-ci fut sensible dans tous les domaines de la civilisation, philosophiques, artistiques ou littéraires, et dont le commun dénominateur était la métamorphose provoquée par l'extraordinaire popularité du bouddhisme *tch'an* (zen en japonais). En Chine, son influence ne dépassait guère le cercle étroit de l'élite intellectuelle, mais il connut au Japon (où il fut introduit vers 1190) une faveur qui reste, aujourd'hui encore, considérable auprès de toutes les couches de la population. Le zen, partisan de l'appréhension directe et individuelle de la révélation, apportait à la classe au pouvoir — des hommes en majorité peu cultivés — cette consolation suprême : un accès direct à la philosophie, sans lecture et sans savoir, chacun possédant en soi la possibilité de comprendre l'insaisissable. Au menu peuple, l'amidisme de la secte de la Terre pure (*Jōdo*), fondée en 1175, apportait la miséricorde ultraterrestre du salut en la personne du débonnaire Amida. Mais, dès 1224, une doctrine encore plus simplifiée de l'amidisme, celle de la Nouvelle Secte de la Terre pure (*Jōdo shinshū*), réduisait toute religiosité à l'invocation suprême du moribond, qui, d'un mot, pouvait ainsi racheter toute une vie.

La culture de ce temps est d'ailleurs animée d'un parti pris de simplification. Et le raffinement des mœurs qui ne tarda pas à réapparaître dans la douceur d'une paix presque retrouvée s'attacha à souligner la valeur morale et esthétique dont le moindre geste quotidien, la plus simple des fleurs pouvaient être les révélateurs.

Tout changea un peu quand, à la mort de Yoritomo (1199), la charge des

Le passé

affaires publiques échut aux « régents » Hōjō. Avec ces derniers, les intrigues qui se tramaient dans les marais politiques de la capitale impériale empoisonnèrent très vite le gouvernement de Kamakura. Dès lors, malgré le relatif mieux-être général, toute la société sombra peu à peu dans une mollesse bougonne que rien ne semblait devoir guérir. Un moine tenta de secouer la torpeur maussade de ses contemporains, Nichiren, qui s'en fut, son bâton de pèlerin à la main, prêcher un bouddhisme militarisé — le paradoxe existe — afin de rendre à ses compatriotes la combativité morale et politique de leurs aïeux. Malgré sa grande popularité, demeurée intacte jusqu'à nos jours, son impénitente maladresse lui valut d'être condamné à la peine de mort, à laquelle il n'échappa que de justesse.

TENTATIVE D'INVASION

Un événement extérieur et inattendu devait galvaniser les âmes et reformer un temps l'unité nationale. Depuis cinquante ans déjà, la menace puis la pénétration mongole avaient assombri le continent, de l'Europe à la Chine, où, en 1260, Khoubilay fondait la dynastie des Yuan. Sans doute Khoubilay crut-il se rendre maître des îles nippones sans grande difficulté. Il adressa au Japon, en 1271, une demande de tribut qui fut aussitôt rejetée. La conséquence ne se fit guère attendre : des troupes coréo-mongoles, portées par une flotte impressionnante,

tentèrent d'envahir l'île de Kyūshū en 1274. Des combats acharnés mirent aux prises les adversaires, mais les mauvaises conditions atmosphériques forcèrent les assaillants à se rembarquer précipitamment. La menace n'était pas écartée pour autant. En 1281, une seconde expédition, encore plus redoutable, mit le cap sur le Kyūshū et parvint jusqu'à la baie de Hakata (l'actuelle Fukuoka); mais un typhon providentiel *(kamikase)* vint à temps couler les navires ou les forcer à virer de bord. Cette circonstance fut saluée comme une intervention divine et renforça l'idée que le Japon, terre du Soleil, était inviolable.

Pourtant, une légère amertume perçait dans l'euphorie de la victoire : pendant les années séparant les deux tentatives mongoles, la population tout entière avait fait un effort de guerre considérable. Chaque circonscription du Kyūshū avait voulu payer les frais d'établissement d'une fortification sur la côte nord, à l'ouest de Hakata. Aujourd'hui, à moitié enfouie sous les sables et les pins, face à une mer dont les calmes métamorphoses semblent bannir toute idée de guerre, la vieille muraille des provinces n'est plus qu'un vieux mur sec, pas très haut, au bel appareillage malgré des différences sensibles d'une « participation » provinciale à l'autre. Pour garnir ce rempart, chaque domaine avait équipé son ou ses chevaliers, autant de bras, autant d'argent qui manquaient ainsi à la terre. Et l'invasion repoussée, aucune conquête extérieure, aucun butin ne vint compenser les énergies et les matériaux engagés.

Les Hōjō avaient demandé beaucoup,

ils avaient organisé la résistance de main de maître, mais se trouvaient maintenant dans l'incapacité de répondre aux espoirs de leur peuple et de répandre la manne des récompenses. Un grave malaise s'ensuivit, peu à peu le monde des guerriers, aigri et découragé, sembla perdre toute vitalité, tandis que s'imposait à tous les esprits l'idée d'un changement nécessaire. L'autorité des Hōjō, affaiblie et décriée, ne pouvait y survivre.

L'EMPEREUR GO-DAIGO

Or, dans le bouillonnement des idées d'alors, il n'était pas impossible de croire à la vogue renouvelée des valeurs d'antan. L'empereur Go-Daigo ne se fit pas faute d'espérer et c'est ainsi qu'il tenta une restauration du pouvoir impérial, la « restauration de l'ère Kemmu », en 1333. Ce leurre s'ef-

L'empereur Go-Daigo.

fondra au bout de deux ans, après avoir, contrairement à ses buts, précipité la compartimentation féodale, déjà catastrophique dans tout le pays. Pour ressusciter les anciennes institutions, l'empereur avait dû recourir à un procédé dangereux : demander l'appui d'un grand féodal Ashikaga Takauji et c'est grâce à lui qu'il fut en mesure de bousculer les Hōjō, dont la

Invasion mongole : bataille navale de Koan (1281).

puissance n'était plus, pourtant, que l'ombre d'elle-même. Selon le procédé habituel, il ne restait plus aux Ashikaga que d'occuper en force la place encore chaude des régents bannis. Malgré une résistance acharnée, l'empereur fut une fois de plus la dupe de l'affaire, oubliant ou ne voulant pas comprendre l'impossibilité où se trouvait le pays d'accepter une structure centralisée à laquelle il n'était plus adapté. L'unité de l'Etat était à tel point contestée que les Ashikaga placèrent deux ans plus tard sur le trône de Kyōto un autre empereur, Kōmyōin, obligeant Go-Daigo à se réfugier dans les montagnes de Yoshino, au sud de Nara. Il s'ensuivit une longue guerre civile qui opposa les partisans de l'une et l'autre maison; mais ces pseudo-fidèles songeaient avant tout à donner libre cours à leurs appétits de puissance et à vider leurs querelles personnelles. Ce moment particulièrement riche en faits d'armes spectaculaires connut nombre de péripéties romanesques, comme les captivités successives et les évasions réitérées de l'empereur Go-Daigo. Voulant jusqu'à sa mort rétablir l'autorité impériale, il commit à la tâche ses nombreux fils. Dans l'Echizen, il envoya deux d'entre eux, les princes Tsunénaga et Takanaga, en compagnie de Yoshiaki, fils du général Nitta Yoshisada. Ils furent assiégés et vaincus par les troupes Ashikaga, et le prince Takanaga, après s'être enfoncé un sabre dans la poitrine, le tendit tout sanglant à Yoshiaki, qui se donna la mort en même temps que son maître.

Après ce sanglant tourbillon, ce fut, comme autrefois, vers le shōgunat renaissant de ses cendres que tous se tournèrent. La lignée des shōgun Ashikaga (1338-1573) put ainsi amorcer une réunification relative, tandis que se développait une culture nouvelle. Kyōto, devenu siège du gouvernement shōgunal, retrouva pour un temps son ancienne grandeur. Les siècles s'étaient écoulés, mais le régime instauré par les Minamoto demeurait. Pourtant, derrière la façade officielle, les choses avaient changé : la classe des guerriers que Minamoto Yoritomo croyait tenir en main s'était fragmentée et il n'était plus question pour le shōgun de commander à une myriade de vassaux directs. Il lui fallait exercer une influence plus subtile sur les suzerains locaux et renoncer à embrasser globalement le monde et le demi-monde des chevaliers. Les seigneurs provinciaux, descendants des gouverneurs militaires de l'époque de Kamakura (shugo daimyō), en profitèrent

pour s'arroger une importance si grande que toute l'histoire de l'époque est tissée de leurs guerres et rébellions. Les plus faibles éliminèrent les plus forts. Ainsi se préparait, au-delà des liens féodaux, devenus eux-mêmes instables, la position politique et administrative des grands (daimyō) à l'époque des Tokugawa.

LES ROYAUMES COMBATTANTS

Dans de telles conditions, l'autorité des shōgun, incertaine dès l'origine, avait peu de chances de se maintenir. Elle ne survécut pas, en tout cas, à l'embrasement des années qui virent Kyōto et toute sa région brûler, puis brûler encore jusqu'à n'être plus qu'un amas de cendres (révolte de l'ère Onin, 1467-1477). L'enjeu avoué des adversaires : une ténébreuse affaire de succession shōgunale qui ne se termina que dix ans plus tard par l'épuisement des deux factions. Le mouvement était lancé. Pendant un siècle succédèrent à cette conflagration d'innombrables conflits locaux. Cette longue et triste guerre de cent ans reçut, par référence à l'histoire chinoise, le nom pompeux d'« époque des Royaumes combattants ». L'autorité des shōgun comme celle des empereurs y sombrèrent si complètement que la déposition du dernier shōgun Ashikaga par Oda Nobunaga passa presque inaperçue en 1573.

Au cœur de la tourmente qui déracinait bien des puissants s'affermit, en effet, l'humble cellule villageoise, qui, prenant de plus en plus d'autonomie, ne laissa bientôt à personne le soin de veiller à ses destinées. Entre cultivateurs et nobliaux de village s'étaient créés des liens résultant d'une vie étroitement communautaire. La nécessité de survivre aux mêmes drames des mauvaises récoltes, des épidémies, de la guerre, de l'endettement massif avait favorisé le rapprochement entre paysans et samurai. Quand la mesure était comble, on les voyait s'unir dans la révolte (do ikki, « la terre qui va ensemble ») contre le suzerain local et s'en aller de conserve dévaliser les greniers, les dépôts d'alcool et les ateliers monétaires où s'entassaient les richesses qu'ils n'avaient plus. L'une des rébellions les plus dramatiques, la « révolte du pays de Yamashiro », se produisit à l'emplacement même des furieux combats de l'ère Onin. De tels soulèvements se renouvelèrent à tel point que le shōgunat en fut réduit plusieurs fois, à la fin du XVe siècle, à annuler purement et simplement les dettes pour ramener le calme.

Pour compléter ce tableau déjà noir des malheurs du temps, il faut ajouter les guerres que se livraient les différentes sectes religieuses : héritiers spirituels de Nichiren, moines Ikkō du Honganji, à Kyōto, et ceux de la secte Tendai du mont Hiei avaient depuis longtemps renoncé aux joutes intellectuelles pour recourir au langage plus convaincant des armes. Et il n'était pas rare de voir ces bandes de moines-soldats faire des descentes dans la capitale pour y semer la terreur.
L'imminence d'un naufrage général devint bientôt si évidente que les grands, pour sauver le peu d'autorité qui leur restait, durent combattre ce qu'ils représentaient eux-mêmes : la féodalité, et surtout son morcellement. Ainsi devenaient possibles, souhaitables et même probables la réunification du pays et, par conséquent, la fin des guerres privées.

ODA NOBUNAGA

Originaire de l'actuelle plaine de Nagoya (Owari), ce qui lui assurait une position médiane entre les deux centres politiques du Japon : la région de Kyōto et celle de Kamakura, Oda Nobunaga naquit en 1534, mais il grandit sans manifester un goût très prononcé pour les études. On raconte même que son précepteur fut à ce point désespéré de ne pouvoir le faire travailler qu'il se donna la mort. Nobunaga participa activement aux mille guerres de l'époque des Royaumes combattants et apparut d'abord comme le défenseur de la famille Ashikaga. Mais l'ambitieux seigneur d'Owari s'empara de Kyōto en 1568, et comme le shōgun avait ouver-

Oda Nobunaga.

Arrivée de François Xavier. Paravent des barbares du Sud ou Portugais. Musée Guimet.

tement apporté son appui à l'un de ses adversaires, Nobunaga n'hésita pas à le déposer et à prendre sa place. Ainsi parvenu au pouvoir, mais tué par traîtrise dès 1582, Oda Nobunaga joue, dans la légende et dans l'histoire, le rôle de fondateur de l'État japonais moderne. Si le récit de sa vie n'est qu'une succession de combats dans la meilleure tradition de l'époque, il sut donner à ses campagnes un but de pacification, dont l'un des plus brillants résultats fut de mettre fin à la toute-puissance militaire des moines-guerriers.

Mais surtout, à l'imitation des seigneurs éclairés des âges de Nara et de Kamakura, il s'efforça d'ouvrir le Japon que les troubles intérieurs avaient peu à peu constitué en autant de mondes clos. Il comprit l'importance d'un apport venu d'ailleurs. Et l'étranger accessible aux Japonais du XVIe siècle n'était plus seulement la Chine : c'était aussi l'Europe. Dès 1543 en effet, les Portugais avaient débarqué à Kanegashima. En 1549 arrivait François Xavier, et le christianisme commençait à être connu en même temps que les canons en fer

(dont l'usage devait renouveler complètement le système japonais de fortification) et les principes de la médecine occidentale, transmis, en 1556, par un ouvrage de Louis Almeida. En 1569, Nobunaga alla même jusqu'à autoriser la prédication du christianisme à Kyōto : il y voyait sans doute une contrepartie souhaitable à l'emprise tenace du bouddhisme guerrier.

UN GÉNÉRAL : TOYOTOMI HIDEYOSHI

À Nobunaga succéda son meilleur général, Toyotomi Hideyoshi (1536-1598), qui, l'épée au poing, œuvra avec tant d'efficacité qu'en 1590 il avait, grâce au ralliement final de Tokugawa Ieyasu et à la soumission des clans Shimazu et Hōjō, mis fin à deux siècles et demi de morcellement politique. Les fondements semblant solides, il lui était désormais possible de reconstruire, mais il fallait avant tout reprendre en main les campagnes, principe sur lequel s'appuya la politique intérieure de Hideyoshi.

Sans pour autant abolir ouvertement le jeu des anciennes règles vassaliques, il

appliqua aux petits fermiers une nouvelle fiscalité, qui passait outre au vieux système des exploitations patriarcales, et s'attacha, parallèlement, à démilitariser systématiquement les campagnes. En 1588, on ordonna à tous les paysans de rendre leurs armes : ainsi la majorité de la population était-elle mise hors d'état de se rebeller.

La stabilisation de la société nippone fut complétée par une série de mesures destinées à fermer, de nouveau, le Japon à l'influence étrangère et particulièrement au christianisme, dont les représentants avaient trop souvent la maladresse de laisser avec eux s'engouffrer les marchands. Aux yeux des nouveaux maîtres du pays, la religion chrétienne commença bientôt à apparaître comme le fer de lance du mercantilisme occidental et dès ce moment-là fut persécutée avec la cruauté habituelle dont faisait montre la justice à l'égard des perturbateurs de l'ordre public enfin rétabli.

Comme tous les novateurs autoritaires, Hideyoshi avait, au-delà de la réorganisation générale, un projet d'envergure : la conquête du continent... Ce projet gigantesque et chimérique se solda par deux expéditions, en 1592 et en 1597, qui furent des tentatives infructueuses et coûteuses d'invasion de la Corée. On ne pouvait recommencer au XVIe siècle ce qui avait été possible au VIe. Lorsque Hideyoshi mourut, en 1598, les grands (daimyō) se montrèrent aussi peu respectueux des dispositions qu'il avait prises afin d'assurer sa succession qu'il l'avait été lui-même à l'égard des héritiers d'Oda Nobunaga. En l'an 1600, la célèbre bataille de *Sekigahara*, position clé entre la plaine du lac Biwa et celle de Nagoya, consacra la victoire des révoltés sous l'égide de Tokugawa Ieyasu. Cette bataille, l'une des plus célèbres

Toyotomi Hideyoshi.

du Japon, semble avoir ainsi déterminé toute l'évolution du pays jusqu'à l'aube de l'époque contemporaine. Tokugawa Ieyasu et sa descendance allaient, en effet, exercer le pouvoir jusqu'à la restauration impériale de Meiji, en 1868. Au long de ces deux siècles et demi, le Japon connaîtra la paix et les bénéfices d'une unification efficace, ce qu'on avait oublié depuis longtemps. Mais il lui fallut endurer les tracas d'un régime de délation policière, d'immobilité imposée et de confucianisme militarisé. On appelle cette période l'« époque d'Edo », car là se trouvait la capitale, à l'emplacement de l'actuelle Tōkyō.

TOKUGAWA IEYASU S'ÉTABLIT À EDO

C'est, en effet, au bourg d'Edo, dans la plaine de Kantō, que Ieyasu, investi par l'empereur de la charge shōgunale en 1603, installa son *bakufu*, en un lieu où s'élevait son propre château fort. Porté par un souci constant d'assurer sa continuité dynastique, méfiant à l'égard de ses turbulents vassaux et fier de sa caste, il eut pour premier soin de réorganiser la classe militaire, en faisant une aristocratie homogène, pourvue d'une puissance presque totale sur le reste de la population, mais également chargée de devoirs impérieux vis-à-vis du gouvernement.

Tokugawa Ieyasu.

En fait, ce nouveau système était déjà en place; il suffit à Ieyasu de généraliser les innovations de Hideyoshi; l'ensemble prit sa forme classique sous les shōgunats de Hidetada (1605-1623) et de Iemitsu (1623-1651). Interdictions et axiomes visant à codifier les activités de la classe guerrière étaient contenus dans les « Lois pour les maisons militaires » (Buke sho hatto), qui, édictées en 1615, furent régulièrement complétées et aménagées par la suite. Il y avait, d'une part, la classe guerrière, désormais réduite aux seuls grands (daimyō) et à leurs vassaux, et, d'autre part, le reste de la société, divisé en quatre classes, à la manière

confucéenne : l'homme éclairé (c'est-à-dire, au Japon, le chevalier), le paysan, l'artisan et le marchand. Mais les seigneurs et leurs hommes liges formaient la seule classe qui comptât, avec, bien sûr, celle des paysans, sur l'activité desquels reposait le régime. La qualité noble des guerriers était symbolisée par les deux sabres qu'ils furent seuls habilités à porter. Sur eux s'appuyait l'administration du shōgun, et ses représentants locaux, les daimyō, devaient posséder des terres suffisamment étendues et riches pour produire au moins 10 000 koku de riz par an. Les daimyō étaient répartis en trois groupes : les parents proches, les parents plus éloignés — fidèles de la première heure —, les anciens compagnons enfin, auxquels s'ajoutaient des seigneurs qui n'avaient accepté l'autorité de Ieyasu qu'après leur défaite. Les daimyō se devaient de résider alternativement sur leurs terres et dans la capitale, tandis que se pratiquait sur une grande échelle l'ancienne coutume féodale des otages. Si, primitivement, les daimyō avaient laissé volontairement, dans un geste ostentatoire de fidélité, leurs épouses et leurs enfants à Edo pendant leur absence, cette disposition devint sans tarder obligatoire, en même temps que se fit plus impérieux le devoir de se rendre périodiquement auprès du shōgun. Le territoire que gouvernait le daimyō (han) représentait une unité économique et administrative autonome, et le daimyō avait droit de vie et de mort sur ses sujets roturiers, pouvant tirer son sabre et couper la tête du premier venu. Il n'en était pas moins personnellement soumis à un étroit contrôle du shōgunat. Ainsi, tout ce qui aurait pu, à court ou à long terme, favoriser une levée de boucliers était soigneusement passé au crible de la surveillance gouvernementale, qu'il s'agît des unions matrimoniales, de la construction ou même de la simple réparation d'un château ou d'une fortification. De plus, les mutations fréquentes imposées aux daimyō sous les prétextes les plus divers tuaient dans l'œuf toute possibilité de collusion entre seigneur et populations locales. Les daimyō, au contraire, devaient assumer le rôle de véritables policiers et se livrer activement à la recherche des éléments d'une subversion éventuelle.

LE CHOIX DES SAMURAI

Dans un pays que l'on n'avait pas le droit de quitter sous peine de mort, ce régime tracassier ne fut pas mis en place sans entraîner des réactions. En

1637-1638, quelque 40 000 insurgés, paysans et chevaliers sans maître, se retranchèrent dans le château de *Shimabara* (Nagasaki-ken) pour se défendre de la tyrannie des daimyō locaux. L'insurrection se termina tragiquement par le massacre des révoltés, parmi lesquels on comptait une bonne proportion de chrétiens, mais il ne semble pas qu'en l'occurrence le problème religieux fût seul en cause. Le massacre de Shimabara marqua néanmoins la fin du mouvement chrétien au Japon, mouvement déjà moribond sous les coups que lui avaient portés Hideyoshi et, après lui, Ieyasu.

Placée désormais sur un piédestal, la classe guerrière ne pouvait jamais déroger, sous peine de perdre à la fois sa position et ses moyens d'existence. Telle fut l'origine de nombreux drames que vécurent les hobereaux qui se trouvaient à la limite de la caste. Il leur fallait décider d'un choix difficile : devenir simples paysans ou engloutir au-delà de toute mesure leurs ressources dans le financement d'un séjour urbain coûteux et improductif. Ainsi naquirent, par suite de la déféodalisation de leurs anciens maîtres, les nombreux *rōnin* ou *samurai* sans suzerain qui n'avaient pu retrouver d'emploi auprès d'aucun seigneur, la demande dépassant très largement l'offre.

Afin de soutenir leur morale défaillante et de les détourner du brigandage furent exaltées les vertus du code de Kamakura : bravoure et fidélité. A cet égard, on ne manque jamais de rapporter le célèbre épisode des « quarante-sept rōnin ». Le 7 février 1703, quarante-sept *samurai* pénétraient dans la résidence de Kira Yo-

shihidé et le transperçaient de leurs épées, vengeant ainsi leur chef Asano Naganori, daimyō d'Akō. Ce dernier, au cours d'une querelle, avait osé tirer son sabre dans l'enceinte du palais d'Edo et blesser au visage le grand chambellan Kira. Asano, après avoir commis une telle faute, contraire à l'étiquette des chevaliers, se racheta en se donnant la mort par *hara-kiri*. Selon la règle, ses vassaux devaient en faire autant, mais l'un d'entre eux jugea qu'il était avant tout nécessaire de tuer Kira. Une semblable vengeance était admise à l'époque, mais il n'eût pas fallu qu'elle se déroulât dans la capitale shōgunale. Les quarante-sept *rōnin* se livrèrent d'eux-mêmes et, condamnés, furent autorisés à « s'ouvrir le ventre ». Un seul des rōnin, cependant, n'allait pas accomplir le rite sacré, mais se rendre à Akō, la patrie du chef offensé, simplement pour dire que l'honneur était sauf.

UNE EXPLOITATION IMPITOYABLE

Second pilier de la société des Tokugawa, la paysannerie, plus encore qu'auparavant, supporta le poids écrasant des impositions. Au XVIIIe siècle, le mépris outrancier des Tokugawa pour toute autre source de revenu les incita à multiplier les taxes frappant les cultivateurs. Ceux-ci, que les théoriciens plaçaient, dans l'échelle sociale, immédiatement après les guerriers, faisaient dans la pratique l'objet d'une exploitation impitoyable. Et pourtant les campagnes ne cessaient d'évoluer. L'ancien propriétaire cultivait directement ses terres en exploitant extensivement une main-d'œuvre servile. A l'époque d'Edo, il devint le *murakata*,

l'administrateur du village. Il louait la plus grande partie de ses terres, ne conservant qu'une parcelle pour lui-même. Mais, peu à peu, le rendement général de l'agriculture s'améliora et les loyers payés par les petits exploitants furent assez importants pour rendre inutiles la conservation et l'exploitation d'un enclos personnel. Une couche nouvelle de propriétaires parasites vint donc progressivement grossir la masse de ceux qui vivaient aux dépens du cultivateur.

Le second grand problème qui bouleversa l'agriculture à l'époque d'Edo fut celui de son intégration à une économie monétaire. La commercialisation des produits de la terre partout où l'on produisait intensivement des denrées de bonne vente, comme le riz, la soie ou le coton, provoquait un enrichissement de plus en plus accéléré des provinces déjà favorisées. Bien des campagnes, sous la direction de l'ancienne aristocratie locale, surent s'adapter à l'évolution générale : elles tendaient à pratiquer la monoculture et s'organisaient en véritables coopératives d'exploitation.

Cela, certes, ne se fit pas sans mal. À partir du XVIIIe siècle se succédèrent les émeutes contre les grands propriétaires, les usuriers, quelquefois même contre les autorités féodales — jacqueries souvent aggravées par les famines. Pourtant, malgré ses vicissitudes, l'agriculture fit de si grands progrès à l'époque des Tokugawa qu'elle était, au XIXe siècle, la plus avancée de tout l'Extrême-Orient, tant par la variété des plants que par l'ingéniosité des outils et des techniques.

DES FOYERS D'ÉMANCIPATION

L'agriculture, en fait, profita des bénéfices de l'industrialisation naissante. L'industrie prenait des bras à la terre, mais elle offrait aux paysans pauvres une voie de salut. Et le déclin de la classe militaire dirigeante ne signifiait aucunement l'essoufflement de l'économie japonaise. En même temps que se poursuivait le développement agricole, malgré toutes les entraves qui le freinaient, le commerce et l'industrie créaient les conditions d'une richesse matérielle qui devaient rendre possible la révolution de l'ère Meiji.

Comment le régime des Tokugawa aurait-il pu se passer d'eux? L'obligation faite aux vassaux de résider dans les capitales des shōgun ou des daimyō impliquait, en effet, une importante vie urbaine, ainsi que l'aménagement de bonnes communications. Peu à peu, les villes, où, primitivement,

Les « rōnin » attendent leur tour pour faire hara-kiri.

« L'Arrivée des porteurs de dîme », par Tani Bunchō.

« Daimyō sur son trône », par Hiroshige.

ment de Kamakura pour pallier l'insécurité des transports. A la place, ils avaient groupé les négociants à Azuchi et Osaka et encouragé leurs entreprises. Que le gouvernement le voulût ou non, le procédé s'accéléra sous les Tokugawa. Le shōgun et les grandes cités en sa possession, Edo, Ōsaka et Kyōto, offraient aux commerçants des conditions privilégiées : la vaste étendue des domaines shōgunaux diluait l'autorité et rendait relativement léger le poids de l'administration centrale; la présence du shōgun et la possibilité d'un recours immédiat à son arbitrage constituaient un atout important dans le jeu des marchands vis-à-vis des daimyō, avec qui ils avaient souvent maille à partir. À la longue phase d'ignorance et de méfiance initiale succédèrent, à partir du XVIIIᵉ siècle, certaines marques de confiance et d'intérêt de la part du gouvernement. En 1721, le shōgun Yoshimune alla jusqu'à permettre aux grands marchands de s'associer.

L'EFFONDREMENT DU SYSTÈME

La féodalité japonaise, comme l'européenne, au-delà de ses interdits, semble avoir été relativement propice à l'établissement d'une société moderne aux fondements industriels. En tout cas, le régime ne pouvait se maintenir deux siècles et demi sans usure. Aux difficultés financières nées d'une base économique trop étroite s'ajouta l'amollissement inévitable d'une classe dirigeante désormais désœuvrée, puisque sa raison d'être était la guerre. Un premier effort pour redonner à l'administration force et rigueur fut tenté par le confucéen Arai Hakuseki (1657-1725), chef de la police de 1709 à 1716. Son œuvre fut bientôt reprise sur une grande échelle par le shōgun Yoshimune (1716-1745) : celui-ci s'efforça d'insuffler de nouveau à la société l'esprit de simplicité et d'efficacité militaire qui avait permis le redressement général à l'époque des premiers Tokugawa (« réforme de l'ère Kyōhō »). Mais ce retour aux vertus ancestrales sombra dans l'incompréhension générale, et c'est le grand chambellan Tanuma Okitsugu (1769-1786) qui, ayant dès 1760 exercé un pouvoir sans cesse accru, entreprit une réforme libérale et « moderniste » du pays qu'il entrouvrit, dans la mesure du possible, à l'étranger. Sa remarquable intelligence des destinées japonaises et son incessante activité n'aboutirent malheureusement qu'à provoquer une violente réaction conservatrice, dirigée

devait se faire sentir dans toute sa rigueur l'autorité du suzerain, devinrent, à l'inverse, des foyers d'émancipation : points de brassage facilitant l'anonymat, elles étaient la porte ouverte à tous les déracinés qui venaient chercher dans le petit négoce ou l'artisanat l'espérance de survivre et de retrouver une place dans la société.

La santé du commerce citadin était telle que bien souvent des samurai se virent réduits à une étroite dépendance vis-à-vis de leurs créanciers marchands. Ceux-ci les surpassaient souvent par le luxe et l'élégance de leur train de vie. À la longue, ces riches négociants parvinrent même à s'assurer un rôle politique : les broyeurs de riz d'Edo, par exemple, obligèrent le shōgunat à ne plus se livrer à des manipulations douteuses sur le marché (1776). Mais l'un des éléments essentiels du développement commercial fut la suppression des anciennes barrières de taxes. Le mouvement avait été donné dès l'époque de Nobunaga et de Hideyoshi : ceux-ci avaient aboli le cadre étroit des vieilles gildes marchandes *(za)* établies par le gouverne-

Le passé

par Matsudaira Sadanobu, membre du Cabinet des anciens (1787-1793), qui prônait le retour pur et simple à l'œuvre de Yoshimune (« réforme de l'ère Kansei »). Les dispositions prises par Matsudaira Sadanobu apparurent encore plus catastrophiques que celles de Yoshimune et leur résultat fut de conduire le pays au bord de la famine.

Cinquante ans plus tard, un autre membre du Cabinet des anciens allait faire une dernière tentative, mais Mizuno Tadakuni ne visait qu'à un régime encore plus rigoureux et retardataire que celui de Yoshimune et de Matsudaira Sadanobu. Aussi, cette réforme — dite de l'ère Tempō — n'aboutit en 1860, qu'à l'effondrement complet du système devant les étrangers.

LES BATEAUX NOIRS

Le Japon fut tiré de sa léthargie par la fameuse apparition des « bateaux noirs » du commodore Perry, venant rappeler à ce dernier bastion isolé de l'Extrême-Orient la pression occiden-

L'escadre du commodore Perry.

Manufacture de soie.

tale qui s'exerçait sur toute l'Asie. La présence de ces bateaux qui, comme des volcans en éruption, crachaient une fumée épaisse impressionna vivement les populations du littoral.

Incapable de résister militairement à d'éventuelles menaces et malgré un fort courant de xénophobie qui se tourna contre lui, le shōgunat ouvrit aux vaisseaux américains le port de Hakodate dans le Hokkaidō et celui de Shimoda, pittoresque et calme havre à l'extrémité sud de la péninsule d'Izu, où devait désormais résider un agent consulaire américain à partir de 1854. Aussitôt, des accords similaires furent passés avec les Anglais, les Russes et les Hollandais. Mais c'est le traité conclu par Townsend Harris, le premier envoyé officiel du gouvernement des États-Unis, qui devait ouvrir complètement le Japon au commerce extérieur (1858).

Un tel bouleversement des horizons économiques ne pouvait se produire sans perturbations; la fuite de l'or, la raréfaction de certains matériaux comme le coton ou la soie, la hausse des prix qui en découlait accentuèrent le malaise social déjà existant, et l'étranger, catalyseur de tous les malheurs de la terre nippone, fut bientôt voué aux invectives. Les régions les plus riches, néanmoins, *Mito*, *Tosa*, *Saga*, *Chōshū*, *Satsuma*, ne tardèrent pas à entrevoir les immenses possibilités qui s'ouvraient à elles. Le shōgunat lui-même ainsi que certains daimyō envoyèrent aux États-Unis, en Europe occidentale, des missions diplomatiques et techniques afin de comprendre et d'assimiler les secrets de l'extraordinaire puissance de ces Occidentaux. Le vieux Japon se trouvait lancé, comme autrefois, à la quête des sources d'une civilisation inconnue. Aussi, xénophobes avoués et partisans de l'ouverture œuvraient-ils, en fait, pour un même but : l'affermissement renouvelé de la nation et de la culture japonaises.

Le dernier des shōgun, Yoshinobu, ne pouvant opposer à l'étranger que les faibles forces d'un régime épuisé, l'empereur reprit en main l'autorité dévolue à ses grands ancêtres et il transforma en Tōkyō, capitale orientale, l'ancienne Edo, siège du gouvernement

Ministres japonais habillés à l'occidentale

L'impératrice Haruko,
femme de l'empereur Meiji.

des Tokugawa. Soutenue par les clans de Satsuma et de Chōsū, la restauration impériale de Meiji (Meiji Ishin) fut l'œuvre de l'empereur Komei (mort en 1867), puis de l'empereur Meiji (1868-1912), ou peut-être, avec plus d'exactitude, d'un groupe d'hommes qui surent à ce moment-là lancer le Japon sur de nouvelles voies. Descendants de la vieille aristocratie, comme Iwakura Tomomi, ou descendants de samurai, comme Shimazu Hisamitsu et Matsudaira Keiei, Kido Takamasa, Okubo Toshimichi, Gotō Shōjirō, ils voulaient une transformation radicale du vieux Japon, qui s'était laissé distancer, tout imbu de son antique valeur. Les réformateurs étaient tous des hommes jeunes : le plus âgé du groupe avait seulement quarante-trois ans et l'empereur quinze!

L'OCCIDENTALISME ENVAHIT LES MŒURS

La réforme affecta tous les rouages de l'État comme toutes les activités du pays. La Charte des cinq articles, promulguée en 1868, promettait la création d'« assemblées délibératives » et brisait l'ancien système féodal des classes en autorisant le libre accès de tous à tous les emplois, tandis que le dernier article exprimait le principe sur lequel se fondait l'action même des réformateurs : « On ira chercher à travers le monde la connaissance afin de renforcer les fondements de la règle impériale. » La politique culturelle à venir — qui allait représenter le budget le plus lourd de l'ère Meiji — était contenue dans ces quelques mots. L'occidentalisme envahit les mœurs :

Première photographie officielle de l'empereur Meiji (Mutsu-Hito).

l'étude des langues étrangères fut incorporée à l'éducation des jeunes filles et l'on alla même jusqu'à édifier à Tōkyō un vaste local, le *Rokumeikan*, où, chaque samedi, l'élite et le corps diplomatique se rencontraient au bal, chose parfaitement indécente et saugrenue aux yeux de la tradition. À ce tournant que représentent les années 80 furent fondés les partis politiques en vue d'étudier la rédaction ultérieure d'une Constitution. Celle-ci fut définitivement approuvée par le Conseil privé en mai 1888. Elle prévoyait, entre autres, la constitution, en 1890, d'une assemblée à deux chambres, selon le modèle anglais. Sur le plan des relations extérieures, le premier objectif des dirigeants Meiji fut d'obtenir l'égalité diplomatique avec les étrangers et l'abolition des traités signés par les Tokugawa à partir de 1853. Une fois reconnu l'égal des puissances occidentales, le Japon entreprit son expansion territoriale au détriment des pays sous-développés de l'Asie orientale : les intrigues japonaises en Corée provoquèrent, en 1894, une guerre avec la Chine, où la supériorité de l'armée nippone s'affirma de façon

Cavaliers japonais durant la guerre sino-japonaise (1894-1895).

Les nobles quittant la Chambre des pairs, à Tōkyō.

éclatante. Plus tard, le Japon intervint aux côtés des Occidentaux dans la guerre dite « des Boxers » en 1900, et conclut avec l'Angleterre un traité qui lui laissait les mains libres en Mandchourie. Mais, en 1904, le Japon, mécontent de l'expansion russe en Asie (Corée et Mandchourie), déclenchait la guerre russo-japonaise, dans laquelle, après dix-huit mois de lutte, la Russie

L'amiral Tōgō.

était vaincue à Port-Arthur et à Tsushima par l'amiral Togo : il obtenait ainsi pleine liberté d'action aussi bien en Mandchourie qu'en Corée (définitivement annexée à l'empire japonais en 1910).

L'EXPANSION EN ASIE

La Première Guerre mondiale permit au Japon de recueillir en Asie l'héritage de l'Allemagne. Mais à cette expansion correspondait bientôt, sur le plan intérieur, une période d'hésitation et de crise morale. Et, malgré l'enrichissement économique et territorial consécutif à la guerre, un mouvement marqué vers le libéralisme heurta les membres conservateurs du Conseil impérial, qui insistaient pour que l'on poursuive à tout prix l'expansion en Asie. En 1931, un groupement d'extrême droite provoqua une série d'incidents visant à motiver une intervention

L'attaque du 7 décembre 1941 contre la base américaine de Pearl Harbor.

L'amiral Yamamoto, commandant la flotte japonaise en 1941.

militaire en Mandchourie. Le « Mandchoukouo » était devenu, en fait, une colonie japonaise sous le contrôle de l'armée.

Dès ce moment-là se succédèrent une série d'assassinats de personnalités politiques jugées trop libérales et la pression des bellicistes obligea le gouvernement de Tōkyō à se lancer, au milieu de 1937, dans une guerre ouverte avec la Chine. Le déclenchement des hostilités en Europe devait ouvrir des perspectives plus larges aux initiatives militaires, et l'adhésion du Japon, en 1940, au pacte tripartite laissait déjà prévoir l'attaque de Pearl Harbor et l'intervention nippone dans le Sud-Est asiatique. On connaît le dénouement de 1945, en partie provoqué par le lancement des deux bombes atomiques sur Hiroshima, puis Nagasaki. Le 14 août, l'empereur annonçait la cessation des hostilités : « [...] Voilà maintenant quatre années que les hostilités se poursuivent et, bien que chacun ait fait de son mieux, le sort des armes n'a pas toujours tourné à l'avantage du Japon, en dépit de la vaillance de Nos forces de terre et de mer, en dépit du dévouement inlassable des serviteurs de l'Etat et en dépit des efforts prodigués par Notre peuple de cent millions d'individus. L'évolution générale du conflit n'a eu d'autre effet que d'aller contre les intérêts du pays. Enfin, l'ennemi s'est mis à utiliser une arme nouvelle et singulièrement cruelle, dont les effets semblent être aussi terribles qu'imprévisibles. De nombreuses et innocentes victimes viennent de perdre la vie. En persistant à vouloir combattre, Nous allions non seulement vers l'effondrement complet et la disparition de la nation japonaise, mais encore vers l'annihilation totale de l'humanité et de la civilisation [...]. »

C'était, pour la première fois dans son histoire, l'occupation du territoire japonais par une puissance étrangère. Sous la direction du général MacArthur, le Japon, moins de cent ans après la Restauration de Meiji, effectuait sa seconde grande mutation des Temps modernes. L'empereur, déchargé de son rôle de gouvernant, devint « le symbole de l'Etat et de l'unité du peuple, tenant sa position de la volonté du peuple, en qui réside le pouvoir souverain ». La réaffirmation de la Charte des cinq articles et le maintien du symbole impérial allaient permettre néanmoins au Japon, vaincu mais non humilié et sachant loyalement reconnaître ses erreurs, de surmonter rapidement ses ruines et son désespoir.

La capitulation japonaise à bord du cuirassé « Missouri », le 2 septembre 1945.

33

Le présent

Chaîne de montage aux usines de motocyclettes Honda.

Le Japon est revenu au premier plan de la politique mondiale. Sa production nationale est la troisième du monde, derrière les Etats-Unis et l'Union soviétique, et l'écart se creuse chaque année entre le Japon et l'Allemagne occidentale, son suivant immédiat. La suprématie économique nippone en Asie est telle que le reste du continent, des rives de la Méditerranée à la Corée septentrionale, produit à peine autant, si l'on ne tient pas compte de la Chine, que le petit archipel égal aux deux tiers seulement de la superficie française.

Par son habileté, son travail et ses industries, le Japon est devenu la grande puissance politique et économique de l'Extrême-Orient non communiste, au large de la Chine populaire, que ses espoirs et ses ressources désignent comme le rival des décennies à venir. Pour l'instant, le Japon est libre de ses mouvements. Il a établi avec les

États-Unis des relations de coopération et d'échanges qui font de lui le meilleur allié de Washington dans cette partie du monde. Le succès, toutefois, engendre ses propres problèmes, et la croissance économique crée de nouvelles tensions. La vie politique japonaise, longtemps ignorée, s'anime. L'Asie divisée s'inquiète du regain de puissance de l'ancien ennemi.

UN RÉGIME SANS CRISE

Le Japon est une démocratie parlementaire dotée d'un empereur. Celui-ci a perdu tout pouvoir réel de gouvernement. Ce n'est pas un souverain, ni le personnage quasi divin d'avant guerre. Il se conforme entièrement dans ses actes politiques à la volonté exprimée par le Parlement. Symbole de l'État, l'empereur établit en sa personne la liaison du Japon du présent avec celui d'avant la défaite. Par ce biais, et en quelque sorte malgré lui, son existence revêt un caractère politique. Les hommes ne manquent pas dans les rangs conservateurs qui voudraient renforcer son prestige et son autorité et le faire apparaître comme l'incarnation d'un nouveau Japon lavé de la capitulation de 1945. Les républicains sont peu nombreux, mais l'opinion publique, dans son ensemble, ne paraît pas disposée à voir la plus haute personnalité du régime servir de nouveau les ambitions agressives de l'extrême droite.

La démocratie parlementaire japonaise est un régime sans crises. Le parti conservateur, libéral-démocrate, est au pouvoir pratiquement sans interruption depuis vingt-cinq ans. Il détient la majorité dans les deux chambres de la Diète, l'Assemblée nationale et la Chambre des conseillers. Son président, élu tous les deux ans, devient automatiquement le chef du gouvernement. Il est alors assuré de pouvoir exercer son mandat sans difficulté devant les chambres, sans craindre motion de censure ou coalition hostile. Le régime politique nippon ne fonctionne donc pas comme celui des démocraties d'Occident. Exception faite de la jeunesse, la politisation des esprits n'est pas très avancée. La fidélité aux élus conservateurs est frappante, surtout dans les campagnes. Les libéraux-démocrates, qui défendent les intérêts de la paysannerie et de la haute bourgeoisie, n'ont, en général, pas à déployer trop d'effort financier

Construction d'un pétrolier géant à Yokohama.

Magasin de tissus à Tōkyō.

Femme votant, à Tōkyō, aux élections législatives de 1969.

pour gagner les élections devant une gauche divisée et peu efficace. La croissance économique continue ainsi que la fierté nationale retrouvée contribuent également pour beaucoup au succès des conservateurs. Il faut, pour être juste, ajouter que le système de scrutin majoritaire amplifie l'avance réelle du parti au pouvoir.

Celui-ci n'est uni qu'en apparence. Il se compose, en fait, d'un ensemble de factions dont aucune n'est majoritaire. Le président du parti est donc toujours l'élu d'une coalition dont son propre groupe n'est qu'un élément. Sa situation peut être rapprochée de celle des chefs des partis républicain ou démocrate des États-Unis. Le groupe auquel ont appartenu les hommes au pouvoir depuis 1964, se situe plutôt à droite dans l'échiquier politique conservateur. L'extrême droite, encline au militarisme, a perdu son influence dans l'après-guerre.

Mais la venue récente du Japon au rang des grandes puissances lui offre une nouvelle chance qu'elle s'efforce discrètement de saisir, mais sans succès jusqu'à présent.

Le parti libéral-démocrate possède aussi une aile gauche, qui s'est longtemps caractérisée par son attitude conciliante à l'égard de la Chine populaire. Elle voulait que le gouvernement améliore les rapports entre les deux pays, et pour cela relâche quelque peu son alliance militaire avec les États-Unis et ses relations avec Taiwan (Formose). Cette faction, quoique numériquement peu important-

tante, jouit d'une influence certaine. Ses membres se rendaient chaque année à Pékin pour négocier l'accord commercial semi-officiel permettant aux grandes firmes japonaises de pénétrer sur le marché chinois. Pour maintenir les contacts avec Pékin et sauvegarder les débouchés, le chef du gouvernement acceptait sans sourciller les condamnations dont il faisait l'objet dans la capitale chinoise de la part des membres de son propre parti.

UNE OPPOSITION DIVISÉE

L'opposition parlementaire n'a jamais su conquérir le pouvoir. Elle reste dominée par le parti socialiste, malgré les échecs répétés que celui-ci a subis lors des dernières consultations électorales. En politique extérieure, les socialistes font preuve d'une hostilité marquée à l'alliance nippo-américaine. Le parti se signale sur ce point au sein de l'Internationale socialiste, où il prend des positions en flèche sur le plan de la lutte anti-impérialiste. Mais l'organisation est divisée. Une aile droite réformatrice veut réviser les grands principes. L'extrême gauche veut redonner de l'élan au socialisme nippon en s'inspirant des leçons de la révolution culturelle chinoise.

Le deuxième parti d'opposition ne saurait exister qu'au Japon. Le Komeito, « parti du gouvernement propre », est l'expression politique d'une secte bouddhique, la Sokagakkai. C'est une formation puissante, très bien organisée, jeune et dynamique. Ses militants sont dévoués et se livrent à un intense effort de recrutement dans les couches pauvres de la population et dans les masses peu politisées du Japon. Sur le plan de la politique extérieure, le Komeito se situe à gauche du gouvernement. Il demande un rapprochement avec la Chine populaire, l'évacuation progressive des bases américaines et le maintien des forces armées à un niveau minimal. Mais le parti inquiète par sa cohésion et sa discipline extrêmes; il semble parfois désireux d'incarner la volonté d'une grande aventure collective du Japon et de prendre la relève d'un parti libéral-démocrate vieilli.

Le parti communiste japonais ne joue qu'un rôle mineur dans la vie politique. Il s'appuie sur la population ouvrière des grandes villes et sur les classes moyennes. Sa position sur le plan international est assez difficile. Il critique à la fois Moscou, qu'il accuse de compromis excessif avec les États-Unis, et Pékin, dont il n'a cessé de condamner la révolution culturelle.

Que va-t-il advenir de l'équilibre politique japonais dans les décennies prochaines? Les masses populaires qui apportent leurs voix à la formation conservatrice se prononcent plus par tradition ou par attachement personnel au candidat que par conviction politique. Ces comportements sont menacés par l'éveil progressif de l'opinion et par les nouveaux rapports qui s'établissent au sein d'une population urbaine de plus en plus nombreuse. Déjà, Tōkyō et Kyōto ont échappé au pouvoir et sont dirigés par des majorités de gauche, regroupées en une sorte de Front populaire.

L'EXTRÊME GAUCHE ÉTUDIANTE

Le problème qui a dominé, ces dernières années, la vie politique japonaise fut celui du renouvellement du traité de sécurité qui lie le Japon et les États-Unis. L'opposition, dans son ensemble, souhaitait à des degrés divers que l'alliance soit supprimée ou modifiée. Mais elle ne pouvait espérer mettre en danger le gouvernement devant le Parlement. C'est pourquoi l'hostilité violente de l'extrême gauche étudiante a paru pendant longtemps le seul danger menaçant la majorité. En fait, cette extrême gauche s'est révélée impuissante à lutter contre un État vigilant et une police bien entraînée. Elle n'a pas obtenu le soutien qu'elle escomptait de la population. Mais elle est à l'origine des grands troubles qui ont agité la société japonaise en 1969 et 1970.

Police casquée, à Tōkyō, lors de manifesta

*Etudiant d'extrême gauche
dirigeant une manifestation à l'aide d'un haut-parleur.*

Les manifestations spectaculaires des étudiants contre la présence des bases américaines au Japon sont bien connues à l'étranger. Elles ont pris parfois la forme de batailles rangées entre les différents groupes retranchés dans les bâtiments universitaires et les détachements spécialisés de la police, dont les interventions dans les campus se firent presque quotidiennes pendant l'année 1969. Les étudiants tentaient de faire des universités les bases d'une révolution populaire contre le pouvoir conservateur, trop étroitement lié, à leur avis, à la puissance américaine. Dans l'université de Tōkyō, l'établissement le plus prestigieux du pays, d'où sortent traditionnellement les chefs de gouver-

...udiants d'extrême gauche.

nement, les ministres et les grands chefs d'entreprise, les troubles durèrent près de deux ans. Les bâtiments furent transformés en forteresses par l'extrême gauche, qui y entassait, derrière des barricades de meubles, les pierres, les lances, les cocktails Molotov nécessaires à leur défense. Les portraits de Mao Tsé-toung et de Che Guevara étaient les plus en évidence au fronton des facultés.

Si la crise universitaire trouve son origine dans les difficultés d'un enseignement trop conservateur et géré trop souvent selon des principes de rentabilité peu de mise en ce domaine, il reste que les groupements de résistance qui tenaient les bâtiments poursuivaient des objectifs politiques précis. Le vote de la loi de réforme de l'enseignement n'a d'ailleurs pas empêché les associations d'extrême gauche de poursuivre dans la rue le combat qu'elles menaient depuis plusieurs trimestres contre l'alliance nippo-américaine.

L'extrême gauche étudiante est une force redoutable par les forces qu'elle peut mobiliser contre l'ordre établi, voire contre la faction estudiantine qui suit les mots d'ordre pacifiques du parti communiste. Les deux groupements sont de force sensiblement égale au sein des syndicats Zengakuren, qui sont l'équivalent de l'Union nationale des étudiants de France. Ils s'appuient chacun sur quelque 450 000 jeunes gens. La fraction de ceux qui participent aux manifestations est cependant bien inférieure en nombre : 40 000 jeunes pour les défilés pacifiques dans chacun des deux groupes hostiles, et entre 10 000 et 15 000 combattants véritables pour chacune des

*Un Japonais d'extrême droite
harangue la foule à Ginza,
la grande artère de Tōkyō.*

tendances. L'extrême gauche, qui affronte plus souvent la police, est mieux entraînée et meilleure combattante que les troupes procommunistes.

UN ESSOR RAPIDE
DE LA PRODUCTION

L'expansion économique continue est une des grandes causes de la stabilité politique japonaise. La croissance au cours des dix dernières années a atteint le taux exceptionnellement élevé de 10 p. 100 par an. Elle a même dépassé 12 p. 100 dans la seconde moitié des années 60. Le produit national nippon a rattrapé en 1964 celui de la France, et dans les années suivantes ceux de la Grande-Bretagne et de l'Allemagne occidentale. Il pouvait être estimé, en 1970, à 200 milliards de dollars, contre 140 environ pour le produit national français de cette même année.

La croissance économique japonaise est d'abord le fait du secteur industriel, dont le produit aurait augmenté en moyenne de 15 p. 100 par an depuis la fin de la Seconde Guerre mondiale. Il aurait presque doublé en volume entre 1965 et 1970. Cette expansion est saine et repose sur le rôle moteur des secteurs de base qui ont fait le développement des grands pays industriels : sidérurgie, industries chimiques et construction automobile notamment. Le Japon construit chaque année la moitié environ des navires mis en service dans l'ensemble du monde. Il a pris la première place dans la fabrication des motocyclettes, des machines à coudre, des appareils photographiques, des appareils à transistors et des microscopes électroniques.

Sa production d'acier est passée en cinq ans de 40 millions à 95 millions de tonnes. Ses hauts fourneaux sont les plus grands du monde. La production d'aluminium a plus que triplé dans la même période de cinq ans, passant de 300 000 à 1 million de tonnes. Le développement industriel est d'autant plus frappant qu'il se concentre sur les petites plaines côtières, qui seules contiennent les espaces nécessaires à l'installation des entreprises. Cette localisation a, en outre, pour avantage de faciliter les approvisionnements en matière première par voie maritime.

L'essentiel de la grande industrie japonaise se trouve implanté dans la baie de Tōkyō, de Chiba à Yokohama, en passant par Kawasaki, ainsi que dans la plaine littorale qui se poursuit de façon presque ininterrompue jusqu'au-delà d'Ōsaka et de Kōbe. Les villes ouvrières sont peu connues des touristes, mais elles présentent un spectacle étonnant, avec leur paysage entièrement occupé par d'énormes unités de fonderie, de raffinerie, de pétrochimie, des ateliers de constructions navales, recouvert d'un nuage épais de fumées nauséabondes qui retombent lentement sur les maisons d'habitation exiguës, au toit noirci et oxydé.

Une ouvrière de l'usine Canon.

L'usine Matsushita (transistors et téléviseurs), à Ōsaka.

La concentration technique s'accompagne aussi d'une concentration classique des entreprises. Une dizaine ou une quinzaine de grands groupes financiers et industriels sont les maîtres de l'économie. Le plus grand d'entre eux, Mitsubishi, représenterait à lui seul 10 p. 100 environ du produit national nippon. Les trois ou quatre groupes les plus importants détiennent un quart de ce même produit national. Selon un classement établi par la revue américaine *Fortune*, 45 entreprises japonaises figureraient parmi les 200 plus grandes firmes du monde.

CONCENTRATION INDUSTRIELLE ET FINANCIÈRE

Les entreprises des grands groupes industriels et financiers japonais se soutiennent mutuellement. Elles ont établi entre elles un réseau de participation réciproque sur le plan financier; elles sont, à des degrés divers, des fournisseurs et des clients des autres entreprises du groupe. Elles obtiennent leurs crédits à la banque du groupe, ce qui permet une plus grande souplesse dans la gestion de leurs opérations. Mitsui, Mitsubishi et Sumitomo, les trois plus grandes concentrations économiques du pays, ne sont guère spécialisés dans une branche plutôt que dans une autre. Les groupes sont présents dans l'ensemble des activités économiques, et leurs entreprises y contrôlent une fraction plus ou moins longue des processus de production.

Ces groupes, dissous après la Seconde Guerre mondiale pour leur soutien à la politique militariste japonaise, sont réapparus à partir de 1952. Mais leur structure est légèrement différente maintenant. L'effort croissant de concentration s'exprime par l'augmentation du nombre des fusions d'entreprises : 300 en moyenne depuis la fin de la guerre jusqu'à 1958, de 700 à 1 000 depuis 1962. Le gouvernement a, peu à peu, réduit les obstacles légaux à de telles fusions, considérant que celles-ci permettent de parer les risques de surproduction, de se présenter en position avantageuse sur le marché international, et enfin d'accélérer le progrès technique. Les fonds publics sont plus facilement octroyés aux grandes entreprises qu'aux petites, dont la surface financière est bien moindre.

La structure industrielle japonaise se caractérise, en effet, par l'existence, en dessous des grands groupes de dimension mondiale, d'une multitude de petites entreprises au fonctionnement totalement différent. Elles occuperaient quelque 18 millions de travailleurs pour l'ensemble des branches économiques et 7 millions d'ouvriers pour ce qui est de l'industrie proprement dite. Ces firmes sont mal équipées. Les conditions de travail y sont plus difficiles et les salaires plus bas que dans les grandes unités. Mais leur rôle économique est essentiel. Elles livreraient, en fait, la moitié environ des marchandises du marché intérieur. Certains secteurs, comme l'ameublement, l'industrie de la charpente, celle du cuir et l'imprimerie, sont dominés par la petite industrie.

Les petites entreprises ne survivent pas sans mal Leur existence dépend beaucoup du caractère plus ou moins favorable de la conjoncture nationale ou internationale. Les grandes unités,

*Le célèbre industriel
Konosuke Matsushita.*

dont elles sont le plus souvent les sous-traitants, leur coupent parfois brusquement les commandes dans les périodes difficiles, les acculant souvent à la faillite. La concentration dans les grandes firmes les menace dans la mesure où elles se trouvent en situation de concurrence avec les industries intégrées. Le nombre des banqueroutes a beaucoup augmenté au cours des dernières années. Et les faillites sont d'autant plus nombreuses que la dimension financière des entreprises est plus faible. L'augmentation continue du nombre des fusions dans les grandes entreprises et l'augmentation des faillites dans les petites ne peuvent qu'accroître la dualité de la structure industrielle japonaise.

À côté de l'industrie, l'agriculture ne joue qu'un rôle mineur dans la croissance nationale. En 1968, elle employait 19 p. 100 de la population active, et 9 300 000 personnes. Les surfaces cultivables sont réduites, car les plaines sont rares. Chaque ferme disposerait en moyenne de 1,1 hectare de terre, mais il faut tenir compte, dans ce chiffre, des superficies beaucoup plus élevées de l'île septentrionale de Hokkaidō. Pour le reste du Japon, 38 p. 100 des fermes ne disposent que d'une surface cultivable inférieure à un demi-hectare. Une telle exiguïté a contraint les paysans nippons, pour survivre, à travailler de la manière la plus efficace possible. La productivité agricole japonaise est la plus élevée du monde.

Le commerce extérieur croît rapidement en valeur absolue, mais moins vite que le produit national. Sa part dans ce dernier est relativement faible, avec moins de 10 p. 100, soit un pourcentage inférieur à celui de la France. Mais le volume des échanges japonais atteint presque celui de la Grande-Bretagne, dont il pourrait prendre la troisième place sur le plan mondial. Le Japon accumule depuis plusieurs années des excédents de balance commerciale qui ont pour effet de consolider la valeur internationale de la monnaie japonaise et de permettre des exportations de capitaux chaque année plus importantes, en particulier en direction des pays d'Asie.

LE NIVEAU DE VIE

Cet essor industriel et commercial n'empêche pas le niveau de vie japonais d'être relativement bas. La production japonaise est supérieure à celle de la France de quelque 30 à 50 p. 100, mais la population nippone est double. La production par tête est, par conséquent, plus basse qu'en France, et, si l'on prend l'ensemble des secteurs et non la seule industrie, il en est de même du niveau de la productivité. Le revenu national par tête vient au dix-huitième ou au vingtième rang sur le plan mondial, alors que la production du pays est parvenue depuis plusieurs années à la troisième place.

Les salaires sont, dans leur ensemble, inférieurs à ceux de la France. Les comparaisons internationales sont difficiles, car les taux de change ne reflètent pas nécessairement les pouvoirs d'achat de la population des différents pays. Pour le Japon, on connaît mal les rémunérations attribuées dans les petites entreprises. Les salaires des grandes unités sont sensiblement plus élevés. Selon les statistiques du ministère du Travail japonais, le revenu d'un ménage de quatre personnes (un chef de famille, sa femme et deux enfants) était en moyenne, en 1969, de 1 350 francs par mois et le salaire du chef de famille représentait sur cette somme 800 francs environ.

Le revenu moyen annuel d'un salarié, selon la même source, serait de l'ordre de 10 000 francs. Mais cette moyenne recouvre des revenus très différents. 40 p. 100 des salariés gagnaient moins de 7 000 francs par an en 1968, ce qui est relativement peu élevé pour un pays industrialisé. Les travailleurs des petites entreprises sont encore plus défavorisés. En 1967, leurs rémunérations étaient égales à 70 p. 100 seulement de celles qui étaient distribuées par les firmes de grandes dimensions. Quant aux petites usines installées en milieu rural, et qui emploient de la main-d'œuvre d'origine agricole, elles sont les moins généreuses. Le salaire moyen y était encore récemment de quelque 500 francs par mois.

Ces chiffres ne permettent pas, à eux seuls, de se faire une idée du niveau et du mode de vie des Japonais. Plusieurs besoins essentiels ne sont pas satisfaits. C'est le cas, en premier lieu,

Tracteur dans l'île de Kyūshū.

Le présent

de l'alimentation. La ration quotidienne peut être estimée à 2 400 calories, chiffre inférieur à ce dont disposent les habitants de la plupart des pays développés. La qualité de cette nourriture laisse encore plus à désirer, sa valeur alimentaire est faible. La

L'heure de la pose sur un chantier.

consommation de protides est très en dessous de celle qu'on observe dans les pays industrialisés du globe. On ne mange que peu de viande (il s'agit principalement de viande de porc) et encore moins de produits laitiers.

LE PROBLÈME DU LOGEMENT

La situation n'est pas meilleure en ce qui concerne le logement. Chaque Japonais dispose en moyenne de 5 *tatamis* par personne, soit une surface d'environ 10 mètres carrés. Le *tatami* unité de mesure des appartements, est le rectangle de paille de riz d'un mètre sur deux environ dont est recouvert le plancher des maisons d'habitation. Des familles nombreuses vivent dans deux ou trois petites pièces de quelques tatamis, dont l'une sert parfois de magasin dans la journée. L'image mythique du jardin japonais, si répandue en Occident, ne correspond à rien de réel. La grande majorité des maisons sont de petits édifices de bois serrés les uns contre les autres, à moins de 0,50 mètre d'intervalle; et il est difficile d'y trouver un endroit pour faire sécher le linge.

Dans d'autres domaines, par contre, le Japon a pris une avance sensible sur les autres pays industriels. C'est le cas notamment de l'enseignement. Quatre jeunes gens sur cinq font des études secondaires complètes; 20 p. 100 d'entre eux obtiennent un diplôme universi-

taire. Le nombre des étudiants dans l'enseignement supérieur est d'environ un million et demi, ce qui, rapporté à une population double de celle de la France, indique un taux d'accession à l'enseignement supérieur plus élevé que dans le système d'éducation français. La qualité de l'enseignement a souvent à souffrir du caractère privé des universités et les étudiants se sont élevés à maintes reprises contre l'application du principe de rentabilité en ce domaine.

Le Japon compte aussi parmi les premiers pays du monde pour les produits industriels de consommation. Le nombre des récepteurs de télévision est de 22 millions d'appareils, dont 4 pour la télévision en couleurs. Plus de 90 p. 100 des foyers disposent d'un poste et les prix sont bon marché (400 F) en raison d'une intense concurrence et du volume de la production. Les nouveaux modèles sont lancés après un effort de publicité très important qui en assure la réussite. Il en est de même pour les appareils de radio, les magnétophones, les équipements électroménagers, les rasoirs électriques, etc. En revanche, le parc automobile est peu important. On comptait en 1967, 27 voitures de tourisme pour 1 000 habitants, contre 234 en France. Il est vrai que la construction automobile nippone a fait de gros progrès ces dernières années; elle dépassait les 6 millions d'unités en 1971, mais 30 p. 100 de la production était exporté. La grande faiblesse de l'économie japonaise réside dans l'insuffisance des équipements collectifs. La longueur

du réseau routier est près de trois fois moindre par tête d'habitant qu'en France ou aux États-Unis. L'organisation des chemins de fer est parfaite entre Tōkyō et Ōsaka, mais le réseau provincial est très insuffisant et fort lent. La croissance de la production s'est produite sans que soient en même temps entrepris les aménagements publics indispensables. Les agglomérations industrielles ont grandi et les fumées qu'elles sécrètent se sont faites de plus en plus denses, cependant que les travailleurs des banlieues devaient supporter le coût et la fatigue de leur déplacement vers le lieu de travail, dans des trains chaque année plus surchargés.

Les espaces verts des grandes villes sont menacés et il faut maintenant quitter les grands centres pour observer dans toute sa splendeur la floraison des cerisiers. Il est vrai que cette concentration des ressources financières sur les investissements directement rentables est une des raisons de la croissance rapide de la production nationale. Mais cette progression doit être payée d'une dégradation relative des conditions de vie.

L'ÉTAT AU SERVICE DES ENTREPRISES

L'Etat japonais cherche à encourager le développement des initiatives privées, étant entendu que les chefs d'entreprise restent les maîtres de la croissance économique et de son orientation. Le parti gouvernemental est lié de très près aux grands intérêts

Le train le plus rapide du monde, le « Tokkaido », en plein cœur de Tōkyō.

économiques. La plupart des chefs des factions qui le composent appartiennent à des réseaux d'affaires de première importance. Il en est souvent de même aux échelons élevés de l'administration nationale. Le secteur public est relativement peu important. Le réseau ferré est encore pour une large part sous possession privée; il en est de même de la distribution d'eau et d'électricité. Le Japon n'a pas connu de vagues de nationalisations après la Seconde Guerre mondiale.

Il n'existe pas non plus de système national de sécurité sociale ou d'allocations familiales. Dans les grandes sociétés, la couverture des charges sociales est plus importante que dans les petites entreprises. Le paternalisme traditionnel du patronat japonais lui fait parfois assumer une partie des dépenses de logement, des frais de vacances, sans parler des subventions versées aux restaurants d'entreprise. Mais, dans l'ensemble, les charges sociales qui incombent aux entreprises japonaises sont inférieures à celles que supportent les firmes européennes. Enfin, le système des retraites reste très insuffisant.

UNE POLITIQUE AMBITIEUSE

« Pour le Japon, les années 70 seront une période importante, au cours de laquelle il assurera une responsabilité sans précédent dans les affaires mondiales et l'établissement d'un ordre et d'un équilibre nouveaux. » Cette déclaration de M. Sato, l'ancien chef du gouvernement, reflète les ambitions des dirigeants japonais d'aujourd'hui. Ceux-ci tirent les conclusions de la nouvelle puissance économique du pays, qui se transforme, dans une Asie pauvre et soumise à des tensions politico-militaires très vives, en influence politique et en potentiel de domination. Pendant plus de vingt ans, le Japon vaincu a été tenu à l'écart des grandes décisions internationales. L'effort de son peuple l'a maintenant porté au premier plan et le voici prêt à « prendre ses responsabilités » en Extrême-Orient.

L'opinion publique japonaise évolue, elle aussi, rapidement. Elle prend conscience de l'immense force collective présente dans l'archipel. Le souvenir revient de l'époque où le Japon dominait l'Asie. Un nouveau nationalisme apparaît, qui remodèle secrètement le tréfonds des consciences. La défaite et les terribles bombes atomiques d'Hiroshima et de Nagasaki sont moins souvent évoquées par les adultes. Elles sont ignorées des jeunes.

Restaurant d'entreprise de l'usine Toshiba (industrie légère), à Horikawacho.

Les milieux industriels, surtout, parlent de plus en plus clairement de la direction que le Japon se doit d'exercer en Asie. La grande fédération patronale nippone demande au gouvernement de reconnaître la nécessité d'un système de défense indépendant et d'augmenter le potentiel militaire du pays. Cela ne manque pas d'encourager les États-Unis dans leur politique de désengagement militaire progressif de l'Asie.

La politique étrangère du Japon est charpentée par l'alliance américaine, réaffirmée en juin 1970 par le renouvellement du traité de sécurité entre les deux pays. La diplomatie de Tōkyō suit, sur les points essentiels, celle de Washington et ne la heurte jamais de front. Plus de cent vingt bases, dont six aéroports, neuf bases navales et de nombreux terrains d'entraînement ont été installés dans l'archipel par les États-Unis, qui y maintiennent quelque 40 000 hommes. Les bases américaines du Japon font partie du système de contrôle rapproché de la Chine populaire, établi au large de ses côtes, de la Corée du Sud à la Thaïlande, en passant par Okinawa, Taiwan, les Philippines et le Viêt-nam du Sud. Elles servent aussi d'appui arrière pour les opérations menées dans la péninsule indochinoise.

On sait que le point de vue de Washington sur la situation en Extrême-Orient s'est modifié, à la satisfaction des Japonais. Ceux-ci ne se sont jamais inquiétés d'une menace chinoise dont ils ne voyaient pas comment elle pourrait se manifester. La menace soviétique n'est plus prise aux sérieux depuis longtemps. De même, en Corée, Tōkyō n'a

jamais soutenu officiellement la thèse américaine selon laquelle la Corée du Nord serait prête à envahir le reste de la péninsule pour réunifier le pays par la force. Sur les questions chinoises, Tōkyō, tout en reconnaissant diplomatiquement le régime de Taiwan, ne considérait pas pour autant que le pouvoir en Chine populaire était aux mains d' « usurpateurs ». S'il épousait les positions américaines dans le domaine de la diplomatie, c'est qu'à l'abri de cette alliance le Japon pouvait continuer à étendre son influence en Asie et y supplanter éventuellement les États-Unis. En fait, jusqu'en 1972, le Japon et l'Amérique ont recherché le maintien du *statu quo* en Extrême-Orient. Le premier s'efforçait de tirer profit des opérations militaires menées par son allié, en s'ouvrant des débouchés nouveaux dans le Sud-Est asiatique partout où cela était possible. Il développait en même temps diverses industries d'armement et approvisionnait les troupes américaines et sud-vietnamiennes. La pression exercée sur la Chine par les sous-marins à tête nucléaire du Pacifique assurait aux navires commerciaux nippons la liberté de navigation dans la mer de Chine. La présence américaine en Corée a fourni la garantie politique dont avaient besoin les investissements japonais dans la péninsule.

UNE POLITIQUE DIFFICILE

L'attitude du Japon à l'égard de l'alliance américaine a évolué à cet égard. Pendant longtemps, le gouvernement libéral-démocrate a soutenu inconditionnellement cet accord international de défense. Tōkyō confiait sa défense

au Pentagone, ce qui lui permettait de consacrer le gros de ses efforts à l'expansion industrielle. Mais, depuis quelque temps, des voix se font entendre de plus en plus fort en faveur d'une défense indépendante, digne de la puissance économique du pays. La prise en charge par le Japon de sa propre armée et la diminution des responsabilités confiées en ce domaine aux États-Unis sont demandées principalement par l'extrême droite et la nouvelle vague conservatrice.
En fait le Japon a déjà décidé d'assumer la défense rapprochée du territoire, c'est-à-dire d'étendre sa compétence d'intervention à la Corée du Sud et à Taiwan. Si un conflit surgissait dans ces deux régions, affirme-t-il, il ne pourrait rester indifférent. Le quatrième plan de défense élaboré par l'administration nippone met de façon caractéristique l'accent sur l'expansion des forces aériennes et navales. Son volume, dit-on, serait double du précédent. La coopération économique et militaire entre Tōkyō, Séoul et Taipeh est graduellement organisée. Les très grandes entreprises soutiennent l'augmentation de l'effort militaire japonais, et notamment par la bouche du président de la Fédération syndicale

La tour de Kōbe,
le plus grand port d'Extrême-Orient.

patronale et celle du président de Japan Steel, la deuxième plus grosse firme sidérurgique du monde.
M. Sato, prédécesseur de M. Tanaka, avait déclaré en novembre 1969 que la sécurité dans la région de Taiwan était « très importante » pour la sécurité du Japon lui-même. Tōkyō prenait ainsi ouvertement parti contre le retour de Taiwan à la Chine populaire, acceptant les risques d'un affrontement éventuel avec la gigantesque puissance du continent. Ces risques étaient d'autant plus grands que la restitution en 1972 de l'archipel des Ryū kyū (Okinawa) allait faire du Japon un voisin immédiat de la Chine. Les îles méridionales de l'archipel sont, en effet, situées aux abords de Formose. Okinawa, occupée depuis la fin de la Seconde Guerre mondiale par l'armée américaine, est avant tout une énorme base militaire. Ses installations logistiques servent à la conduite d'opérations aussi bien en Corée qu'au Viêt-nam. Les fusées à tête nucléaire qui y sont entreposées font peser une menace sur toutes les grandes villes de la Chine orientale.
Tout cela inquiète la Chine et rend plus difficile la normalisation des rapports entre Pékin et Tōkyō. Pour le Japon comme pour les États-Unis, il n'y eut longtemps qu'une seule Chine, celle de Taipeh. Mais, à la différence des milieux d'affaires américains, ceux du Japon ont toujours entretenu avec Pékin des relations étroites dans le domaine commercial. Les exportateurs nippons, intéressés par le marché chinois, s'efforcent ainsi, au sein du parti conservateur, de restreindre l'influence des industriels qui investissent et commercent avec Taiwan. Pour Pékin, ce dernier groupe est composé des nostalgiques du grand Japon d'avant guerre, qui n'ont pas abandonné leur ambition d'un contrôle économique et politique de l'Asie et de la Chine.
Tōkyō proteste de sa bonne foi et de ses intentions amicales. Son seul souhait affirme-t-il, est de normaliser les rapports avec la Chine populaire. Mais ses positions sont parfois confuses, sinon contradictoires. Récemment encore, après avoir assuré les dirigeants chinois de leur attitude pacifique, les autorités japonaises déclaraient que leur amitié avec le régime du maréchal Tchang Kaï-chek était indéfectible. Et, aux protestations chinoises qui ne manquaient pas de suivre, Tōkyō opposait son regret pour ce nouveau « durcissement » de la diplomatie communiste. Ces démarches contradictoires traduisaient la souplesse de langage nippone, mais surtout l'embarras des diri-

geants japonais, aux prises jusqu'alors avec des exigences incompatibles : conserver l'appui américain inconditionnellement opposé au communisme chinois, préserver les intérêts nippons à Taiwan, qui étaient plus importants que ceux qu'on avait noués avec Pékin, préserver les intérêts nationaux en Chine populaire, parce que leurs perspectives à long terme étaient illimitées, maintenir le plus longtemps possible l'ambiguïté sur ses intentions, afin de reculer au maximum l'heure des choix irréversibles entre les deux régimes.

LE COMMERCE AVEC LA CHINE

La question chinoise est restée liée, avant la décision du président Nixon d'aller à Pékin, à la question de l'alliance américaine. Tout rapprochement avec la Chine éloignait des États-Unis. Tout alignement sur Washington tendait immédiatement les relations entre les deux capitales asiatiques. Pékin a décidé, en 1970, de ne plus traiter avec les firmes japonaises entretenant des relations d'affaires avec Taiwan. L'opposition parlementaire nippone est, dans son ensemble, favorable à un rapprochement avec la Chine populaire et à la rupture des liens diplomatiques avec Formose.
Mais, au début de 1972, les choses changent et le rideau se lève avec la visite d'une délégation officielle japonaise à Pékin. C'est la première prise de contact au niveau gouvernemental depuis 1949. Elle aboutit à la visite de M. Tanaka en Chine populaire. Du 25 au 30 septembre 1972, le Premier japonais rencontre les dirigeants chinois.
Un accord Tanaka - Chou En-lai prévoyant l'échange d'ambassadeurs marque le point de départ de la reprise des relations normales entre les deux grandes puissances. Les États-Unis ne cachent pas leurs inquiétudes. Quant à Formose, que les Japonais ont reconnue comme partie intégrante de la Chine continentale, ses dirigeants parlent d'un coup de poignard dans le dos. Mais beaucoup de responsables nippons affirment que cette reprise va permettre de doubler ou de tripler les échanges commerciaux dans les deux sens.
Cet argument ne manque pas de poids. Le commerce entre les deux pays s'est élevé en 1969 — année record — à 626 millions de dollars. Les trois quarts des achats de la Chine sont constitués de produits sidérurgiques et chimiques. Elle se serait ainsi procuré, en 1969, 1 300 000 tonnes d'acier. 40 p. 100 des engrais exportés par le Japon sont déversés dans les campa-

*Arrivée d'un thonier
dans le port de Tōkyō.*

gnes chinoises. Les achats nippons sont constitués pour l'essentiel de produits de l'agriculture et de l'élevage, de riz, d'oléagineux et de soie. Les ventes de charbon et de produits pétroliers chinois se sont récemment développées. L'essentiel des transactions est établi lors des foires de Canton, qui se tiennent au printemps et à l'automne de chaque année, et où les délégations japonaises sont de loin les plus importantes. Avant l'accord de 1972, les commerçants nippons appartenaient à ce que l'on appelait les firmes « amies », qui soutenaient au Japon les positions chinoises et signalaient des déclarations « anti-impérialistes » et « antirévisionnistes » lors de leurs négociations avec les autorités communistes. Une partie minime des échanges (10 p. 100) était fixée lors des discussions semi-officielles qui se tenaient annuellement à Pékin entre l'administration chinoise et les délégués de la faction progressiste du parti majoritaire.

DES POSITIONS ÉCONOMIQUES PRIVILÉGIÉES EN ASIE

Dans ses rapports avec les autres pays d'Asie, le Japon n'a pas eu à faire face à des difficultés de cet ordre. Concurremment avec les États-Unis, il s'est assuré, au cours des dernières années, une solide emprise sur le commerce et les ressources minérales du Sud-Est asiatique. Il a pris la première place comme fournisseur de la Corée du Sud et de Taiwan, de la Thaïlande et de Singapour. Il est le premier client de la Thaïlande, le deuxième des Philip-

pines, le troisième de l'Indonésie, le quatrième de l'Inde. Le Japon se procure ainsi une bonne part des matières premières dont il a besoin pour alimenter ses industries, chaque année plus voraces. Ses énormes cargos abaissent au maximum les coûts de transport pour des marchandises obtenues, dans l'ensemble, à des conditions favorables.

Les achats japonais sont plus que compensés par l'expansion des ventes nippones dans la région. Le déficit commercial de l'Asie du Sud-Est avec le Japon permet à ce dernier d'exporter ses capitaux dans la région et d'y accroître encore son influence. Les investissements japonais à l'extérieur servent en partie à l'exploitation des richesses minières par des sociétés liées aux grands complexes industriels nippons. Une autre fraction est utilisée pour faire transformer sur place des produits semi-finis japonais, en tirant parti des conditions avantageuses d'offre de la main-d'œuvre. Il y a donc une liaison étroite entre l'expansion commerciale nippone et l'exportation de capitaux dans le Sud-Est asiatique.

57 p. 100 des capitaux exportés par le Japon se dirigent vers le continent asiatique. Mais les industriels de l'archipel s'intéressent aussi aux autres continents. L'Australie est devenue un très important fournisseur du Japon. L'Afrique a attiré depuis peu son attention, et il se prépare à y réaliser d'importants investissements. Il satisfait, d'autre part, une fraction de ses besoins pétroliers au Proche-Orient. Cette expansion internationale n'a jusqu'à présent créé aucune tension dans les rapports du pays avec les États-Unis, cet autre grand consommateur de matières premières. Il y a plusieurs raisons à cela. Le Japon est de taille

économique fort inférieure à celle des États-Unis (cinquième ou sixième rang environ). Il ne s'est révélé que très récemment comme un concurrent possible de la puissance américaine. Enfin, les deux pays ont partie liée en Asie, où l'un ne peut se passer de l'autre, dans cette période difficile d'agitation et de rébellion armée.

Mais le Japon entend bien, le moment venu, poursuivre une ligne indépendante. Il l'a déjà montré sur le plan commercial, en refusant de réduire volontairement ses exportations sur les États-Unis, comme le lui demandait la Maison-Blanche pour consolider sa politique de défense du dollar. Le réarmement dans lequel il s'engage depuis quelque temps en est une autre preuve. Le Japon veut assurer la sécurité de ses approvisionnements en Asie et a besoin de sauvegarder le *statu quo* politique dans la région.

Si les États-Unis se retirent militairement de l'Asie orientale, le Japon devra, un jour ou l'autre, prendre ses responsabilités. Mais en s'affirmant ainsi de plus en plus sur la scène asiatique, le Japon suscite l'inquiétude chez nombre de pays qu'il avait voulu naguère coloniser. Son expansion dans tous les domaines n'est pas sans liens avec la constitution, au cours de l'année 1970, d'un bloc révolutionnaire asiatique, qui, de la Corée du Nord au Cambodge, en passant par Pékin, dénonce le rôle subtil joué par Tōkyō aux côtés des États-Unis dans les luttes d'influence qui déchirent l'Asie. Ces diatribes ne paraissent guère émouvoir les dirigeants japonais, qui ne perdent pas une occasion de réaffirmer que leur pays s'en tiendra à sa vocation pacifique et qu'il ne s'agit là que de violences verbales d'une mauvaise foi évidente.

*L'empereur
Hiro-Hito
et son épouse.*

ILE D'HOKKAIDO

HIRAIZUMI

NIKKO

TOKYO

KYOTO
NARA
OSAKA
ISE
HIROSHIMA
MIYAJIMA
KAMAKURA

NAGASAKI

N
O E
S

« Le grand Japon est le pays des dieux. L'ancêtre, aux origines, en fonda le principe, et la déesse du Soleil daigna le transmettre à sa longue lignée. Notre pays, seul, est semblable chose. Il n'y a rien de pareil dans les pays étrangers. C'est pourquoi on l'appelle le pays des dieux. »

Minamoto no Tchikafonçc

Les grandes étapes

Le Naiku (sanctuaire intérieur). Les temples sont reconstruits tous les vingt ans.

« Je déclare très humblement, en la toute-puissante présence de la magnifique déesse du Ciel resplendissant qui habite à Ise. Parce que la magnifique déesse lui a accordé des terres aux quatre coins du monde sur lesquelles s'élève, se répand sa lumière, aussi loin que le mur du Ciel s'élève, aussi loin que les bornes de la Terre se dressent, aussi loin que les nuées bleues sont répandues, aussi loin que les blanches nuées s'arrêtent à l'horizon, aussi loin sur la plaine bleue de la mer que peuvent aller les proues des navires [...], ainsi pour la magnifique déesse les premiers fruits seront amoncelés en sa toute-puissante présence comme une rangée de collines, abandonnant les restes pour lui afin qu'il en prenne. »

La déesse du Soleil, qui règne au sommet du panthéon shintō et à qui s'adresse cette grande prière pour la Moisson, demeure au creux d'une forêt magnifique, à quelques kilomètres de la mer, dans le temple d'Ise, le plus vénérable de tous les sanctuaires japonais.

L'ASILE DU MIROIR SACRÉ

Lorsque Ninigi no Mikoto, grand-père du premier empereur, Jimmu, et petit-fils de la déesse du Soleil, descendit du Ciel pour conquérir le Japon, il reçut de sa grand-mère le miroir sacré, demeuré jusqu'à ce jour le symbole de la fonction impériale. Aucun œil humain ne l'a jamais contemplé et il

rête le regard du visiteur. Seuls l'empereur et le grand prêtre peuvent pénétrer dans le sanctuaire, mais pour le pèlerin venu parfois de l'autre extrémité du pays il suffit amplement d'être parvenu jusqu'au seuil du mystère. « J'ignore ce qui se trouve à l'intérieur, écrivait le moine Saigyo dans un poème resté fameux, mais je ne puis m'empêcher de pleurer de gratitude. »

LE GRAND MYSTÈRE DE LA NATURE

Fût-il admis à contempler les temples eux-mêmes, le visiteur ne verrait que quelques constructions sur pilotis, couvertes d'écorce, images fidèles du plus ancien style d'architecture nationale. Des parois de planches, une toiture végétale épaisse, une volée de marches; de simples huttes, à vrai dire, mais construites avec une perfection sans égale dans l'ajustement des assemblages et le polissage des éléments. Tous les vingt ans, ces bâtiments sont démontés et on en élève de neufs à la place en respectant scrupuleusement les formes anciennes; en 1973, le cinquante-huitième temple sera édifié (l'actuel date de 1954) selon un usage qui remonte à environ douze siècles.

Ise est, nécessairement, la première étape de l'itinéraire japonais. C'est, parvenu intact jusqu'à nos jours, le Japon le plus ancien, celui des *kami*, les divinités des rochers et des sources, des montagnes et des torrents, de la mer et du ciel. Si la simplicité de l'architecture jointe à la perfection de la construction a fait comparer ces sanctuaires aux grands temples grecs de style dorique, l'Olympe japonais est partout présent, descendu parmi les hommes. Le grand mystère de la nature, vénéré avec crainte par les premiers habitants de l'archipel, demeure enfoui au plus profond de ces forêts et chacun en ressent étrangement le poids lorsqu'il s'aventure, une fois franchi le pont de bois qui donne accès à l'enceinte, parmi les grands arbres que berce le vent de la mer toute proche. Si le Japon tout entier est le pays des dieux, si le moindre grain de sable ou la plus humble fleur qui y croît sont d'essence divine, c'est à Ise qu'en est célébré le mystère et qu'il reste le plus palpable au cœur des millions de pèlerins qui, chaque année, en parcourent inlassablement les allées. À quelques kilomètres des combinats pétroliers de Yokkaichi et de Nagoya, dont la rumeur l'atteint parfois, Ise garde au Japon son âme d'autrefois.

repose ici, enveloppé d'un riche brocart, sur un socle de bois doré, au plus profond du sanctuaire. Une légende tenace veut qu'il porte inscrit au dos, en hébreu : « Je suis celui qui est »; en fait, ainsi que l'affirme le prince Mikasa, frère de l'empereur actuel et spécialiste des civilisations sémitiques, personne n'a jamais été admis à voir le miroir sacré, si bien que le mystère demeure intact.

A la différence des sanctuaires bouddhiques édifiés dès le début avec un luxe considérable, permis par la richesse de leurs fondateurs, les plus grands temples de la religion primitive ont conservé jusqu'à ce jour leur austère simplicité. Après avoir parcouru la longue allée d'arbres — certains vieux de plus de mille ans — qui mène au « sanctuaire intérieur » d'Ise, on parvient devant une rustique enceinte de bois, dont l'unique accès est fermé d'un voile de soie immaculé. Ici s'ar-

Pèlerins se rendant au sanctuaire d'Ise.

Nara

Le 11 février 660 av. J.-C., l'empereur Jimmu, longeant la mer Intérieure, ayant battu sur sa route et mis à la raison plusieurs tribus adverses, parvint dans le fertile bassin du Yamato, y construisit un palais et célébra sa conquête par un grand sacrifice à la déesse du Soleil.

En fait, il semble que c'est plus tard, entre 100 et 300 av. J.-C., que les chefs du clan de Kyūshū s'établirent dans la province. D'ici, désormais, durant près de quinze siècles, la maison impériale japonaise allait présider, parfois de loin il est vrai, aux destinées du pays, et cette étroite plaine, à 20 ou 30 kilomètres de Kyōto comme d'Ōsaka, est bien, à l'égal de l'île de la Cité ou des sept collines de Rome, le berceau d'une nation. Aucune terre dans l'archipel ne renferme autant de richesses archéologiques, aucune n'évoque avec autant d'éloquence ce premier Etat japonais, dont la puissance s'illumine alors de la grâce du bouddhisme.

LE VŒU DES PRINCES

« Lorsque mourut la reine Pimiku, un grand tertre fut élevé au-dessus de sa tombe et plus de mille serviteurs la suivirent dans la mort », nous disent les annales chinoises de l'époque Wei. C'est au sud du bassin, à Kashiwahara (la « plaine des chênes »), que s'installa d'abord la Cour. Les plus vastes constructions jamais entreprises dans l'archipel attestent, encore aujourd'hui, sa puissance : ce sont les tumuli impériaux qui, jusque vers Ōsaka, parsèment la région. Le plus vaste, celui de l'empereur Nintoku (395-427?), représente une masse de terre égale à celle des trois pyramides d'Egypte réunies et, avec le fossé qui l'entoure, s'étend sur 800 mètres à son plus grand diamètre.

Un peu plus tard, vers 575, l'empereur chargea un moine coréen établi dans le pays d'initier au culte bouddhique trois jeunes filles (l'une d'elles n'avait que onze ans), cependant que des images du Bouddha étaient gardées précieusement dans un sanctuaire contigu au palais. Aussitôt moines et architectes affluèrent de Corée, édifiant des temples et répandant la nouvelle foi. Les débuts de celle-ci furent difficiles cependant; c'est ainsi que, vers 580, une épidémie de peste ayant

Petit pavillon dans le parc de Nara.

éclaté, tous les ennemis de la religion étrangère persuadèrent le souverain d'y voir un signe du mécontentement des kami. Les édifices sacrés furent détruits, les petites nonnes dévêtues et fouettées publiquement. À la mort de Yōmei, deux princes, Umeko et Umayado, plus connu sous son nom posthume de Shōtoku Taishi, se disputèrent le trône. Chacun fit le vœu, s'il était vainqueur, de construire un grand sanctuaire. Leur chance tourna successivement toutefois et, tandis que Shōtoku édifiait le temple de Shitennōji, à Ōsaka, et plus tard le Hōryūji, son rival élevait le temple d'Asuka, qui abritait une grande effigie bouddhique en bronze.

LE HŌRYŪJI

Si celle-ci subsiste, maintes fois réparée, peu de chose évoque aujourd'hui le site d'Asuka; quant au Shitennōji, la forme n'en a été préservée que grâce au béton. Seul le Hōryūji affirme encore par sa vaste enceinte et ses innombrables bâtiments — parmi lesquels les plus vieilles constructions en bois du monde — la puissance de la religion nouvelle et la splendeur, rare aujourd'hui dans son pays d'origine, de la grande architecture religieuse chinoise. Ici, chaque époque ajouta par la suite sa marque, parfois en reproduisant simplement les formes du passé, dans cette véritable Mecque de l'art extrême-oriental. Des trente-trois bâtiments qu'on y compte aujourd'hui, quatre sont de l'époque Asuka, cinq de Nara, deux de Heian, neuf de Kamakura, huit de Muromachi (qui correspond *grosso modo* à notre Renaissance), et les autres de la période Tokugawa, qui prit fin au milieu du siècle dernier. Toutefois, une admirable homogénéité de style règne dans ce merveilleux ensemble.

Par la longue allée de pins qui mène à la porte principale, on accède à tout un monde de formes et de couleurs d'une harmonie singulière; de longs murs d'argile couronnés de tuiles entourent non seulement l'ensemble du temple, mais encore, à l'intérieur, les nombreux sanctuaires annexes qui flanquent les édifices principaux. Chacun, ainsi enclos, possède un jardin moussu où un pavage savant et capricieux conduit jusqu'à l'oratoire. Le 26 janvier 1949, des flammes surgirent du Kondō, ou Grand Hall, détruisant en quelques minutes les plus belles fresques bouddhiques que possédait le Japon et endommageant ses deux plus anciennes statues de bronze fondues à la suite d'un vœu de Shōtoku Taishi alors qu'il était malade.

Pour lui-même, le prince Shōtoku édifia au fond de la vaste enceinte une salle octogonale, le Yumedono (la

Temple du Tōdaiji,
la plus grande construction
en bois du monde.

salle des Rêves), où il aimait à venir méditer sur les sūtras. Lorsqu'un passage difficile l'arrêtait, la légende veut qu'un vénérable personnage surgissait à l'est et le lui expliquait. Un peu plus loin, il fit construire pour sa mère un temple de nonnes, le Chuguji. Cette paisible retraite abrite aujourd'hui la plus parfaite sculpture du Japon et l'une des plus grandes merveilles qui soient jamais sorties d'un ciseau humain.

UNE CAPITALE REVOLUTIONNAIRE

C'est à Nara, la jeune et brillante capitale qui s'édifiait alors, que la culture japonaise assimila définitivement, avec la foi bouddhique, la grande culture chinoise. Si l'on se rend depuis l'actuelle ville de ce nom jusqu'au Hōryūji, ou, au sud, vers l'ancien site d'Asuka, on traverse une vaste étendue de rizières que des canaux, des chemins divisent en carrés réguliers orientés au nord. C'est que ce réseau recouvre exactement celui des rues de l'ancienne capitale, la première digne de ce nom que se donnèrent les Japo-

Bouddha fétiche
à l'entrée du Tōdaiji.

nais. Là où le paysan repique ou moissonne son riz s'étendait, voici douze siècles, une vaste cité dont l'actuelle Nara n'était guère que le faubourg oriental.

Depuis longtemps les récits innombrables et surprenants des voyageurs coréens et chinois, narrant les splendeurs de Tch'ang-ngan (l'actuelle Sian), capitale des T'ang, hantaient l'imagination de la cour, errant, comme l'ancienne maison royale de France, de palais en palais au gré des souverains. Aussi lorsque le prince Shōtoku lui eût fait adopter les méthodes administratives chinoises, avec ses savantes hiérarchies de fonctionnaires et leur minutieuse étiquette, lorsque le bouddhisme eut donné naissance à une église constituée, dotée d'un clergé et de sanctuaires, parut-il indispensable de compléter la réforme par l'édification d'une capitale permanente. Celle-ci fut édifiée, en 710, dans la partie septentrionale du Yamato. Tracée sur le modèle de Tch'ang-ngan, elle formait un réseau orthogonal de grandes avenues orientées nord-sud et est-ouest, selon un parti d'une parfaite symétrie. Sur les collines alentour, à l'est et à l'ouest,

d'immenses sanctuaires bouddhiques furent élevés, qui, seuls, évoquent aujourd'hui les splendeurs de l'ancienne capitale.

Si elle ne vécut, en effet, que soixante-quinze ans, Nara fut, pendant sa courte existence, le foyer très intense de la culture chinoise dans l'archipel. Si tout autour les paysans continuaient de labourer la rizière, si les bûcherons animaient toujours les forêts voisines, la ville elle-même était un îlot de modernisme agressif au milieu de ces campagnes déjà anciennement occupées. Les architectes chinois et coréens édifiaient temples et palais; dans les sanctuaires, des milliers de moines récitaient, jour et nuit, les sūtras en chinois, voire en sanscrit; dans les galeries du palais, immense et symétrique à la chinoise, des fonctionnaires chamarrés de soie circulaient gravement; toute la classe aristocratique étudiait avec ardeur la langue et la littérature du continent; on s'essayait à la calligraphie et, dans de nombreux ateliers, artistes coréens et chinois enseignaient à de jeunes apprentis avides d'apprendre l'art de peindre sur la soie, de polir le bois, de couler le bronze.

Les lanternes du sanctuaire de Kasuga.

INTRIGUES DE PALAIS

Dans le vaste palais qu'ils se sont fait construire au centre de leur jeune capitale, les souverains vivent au milieu d'intrigues qu'entretient l'avidité de la toute-puissante hiérarchie bouddhique. Le règne de l'impératrice Kōken peut en donner un exemple. Vers 757, un prêtre shintoiste, Tamaro, et une dame de la cour, réunis secrètement à minuit dans le jardin du chancelier, se firent mutuellement le ser-

Pèlerins au sanctuaire de Kasuga.

ment, scellé par l'absorption d'eau salée, de faire cerner le palais, de chasser l'héritier présomptif, d'abattre l'impératrice douairière, de s'emparer du sceau impérial et, convoquant le ministre de la Droite, de lui dicter une proclamation élevant au trône l'un des enfants impériaux. Le complot fut éventé toutefois et les coupables châtiés. L'impératrice Kōken abdiqua peu après, tout en continuant d'exercer réellement le pouvoir. Elle était aidée par son confesseur, le moine Dōkyo, qui partageait également la couche de sa souveraine, tout en dirigeant la conscience. Sur ses conseils, elle rejeta le masque, s'empara du jeune empereur et l'exila dans l'île d'Awaji, au large d'Ōsaka, où elle le fit étrangler. Toujours sous l'influence de Dōkyo, elle se rasa la tête et, ayant revêtu la robe de nonne, présenta comme légitime de prendre pour conseiller un moine, qui fut naturellement Dōkyo. Celui-ci, toutefois, enivré de puissance, en vint à vouloir exercer le pouvoir personnellement; il inventa une histoire d'après laquelle le dieu Hachiman était apparu et avait annoncé que le pays jouirait d'une paix éternelle si lui-même, Dōkyo, montait sur le trône. Cette fois, cependant, Kōken voulut consulter elle-même le dieu et, la réponse de celui-ci ayant été contraire, se résolut à exiler le moine. A la mort de l'impératrice, un prince déjà âgé lui succéda, puis, en 782, l'empereur Kwammu, qui, sitôt installé au palais, décida de transférer sa capitale ailleurs. En quelques années, les rues et les palais furent désertés, les édifices les plus importants démontés, et la nature reprit possession de la plaine qu'elle avait dû céder quelque soixante-dix ans auparavant à la brillante et turbulente cité.

Groupe de jeunes visiteurs au sanctuaire de Kasuga.

Torii dans le parc de Nara.

La pagode du Yakushiji.

« TOUS LES TRÉSORS DE L'ASIE... »

Lorsque l'empereur Shōmu mourut, en 756, sa veuve, qu'animait une brûlante foi bouddhique, décida d'offrir au Bouddha tous les objets qu'avait coutume d'utiliser son époux. Elle édifia pour cela, derrière le grand temple du Todaiji, un vaste grenier où furent accumulés tous ces dons. Les échanges innombrables qui se faisaient alors entre la cour de Nara et la Chine ou la Corée et, à travers elles, les Etats d'Asie centrale et occidentale, avaient permis d'amasser des objets de toute provenance. Ceux-ci, préservés jusqu'à nos jours dans le Shōsoin de Nara, permettent au visiteur qui les contemple d'effectuer en quelques heures un voyage merveilleux dans le passé de tout un continent.

Lorsque Chosroês, premier empereur arsacide, conquit la Syrie sur Byzance, il fit tisser dans ce dernier pays une grande tapisserie commémorant sa victoire. Justinien reprit le pays sur la Perse et fit tisser une seconde tapisserie sur le même thème; enfin Chosroês II se ressaisit de cette contrée et commanda une troisième tenture. L'une de ces trois tapisseries arriva en Chine, où on la fit copier. C'est cette copie, ou l'original, que le grand moine Kobo Daishi rapporta dans son pays et qui figure parmi les trésors du Shōsoin. Celui-ci devint par la suite le grenier du Todaiji, qui fut la plus puissante fondation monastique du pays et demeure le plus grand édifice en bois du monde, bien que reconstruit au XVIIᵉ siècle, à la suite d'un incendie, aux deux tiers seulement de ses dimensions originelles. Il abrite l'un des deux grands Bouddhas du Japon, l'autre étant celui de Kamakura. En 735 une épidémie de variole s'étendit sur le pays, et l'empereur Shōmu décida d'implorer la clémence du ciel en dressant la plus grande statue bouddhique qu'on ait jamais vue. Tous les temples et les riches familles de l'aristocratie contribuèrent à cette œuvre gigantesque, dont la fusion fut confiée à des artisans coréens. Juste avant son achèvement, l'or fut découvert dans le pays et on en recouvrit l'immense effigie. Le visage serein qui se dresse à quelque 20 mètres au-dessus du sol n'a sans doute pas la profondeur mystique de celui de Kamakura. La pénombre du grand sanctuaire lui donne cependant un halo de mystère et de grandeur qui saisit le visiteur, fût-il incroyant.

Femme préposée au nettoyage du parc.

Il était toutefois nécessaire d'apaiser les dieux traditionnels, les kami, qu'un culte aussi ostentatoire rendu au Bouddha aurait pu indisposer. Un oracle fut consulté au grand temple d'Ise, et la déesse du Soleil rassura l'empereur en lui annonçant qu'elle et Roshana, le Bouddha de la Lumière (que représentait l'effigie), ne faisaient qu'une seule et même divinité. Un peu plus haut sur la montagne se dresse le grand sanctuaire shintoïque de Kasuga, fondé en même temps que la nouvelle capitale. C'est ainsi seulement, au prix de compromis subtils avec la religion ancestrale, que la foi bouddhique put s'imposer dans le pays. Moyennant cela, elle put le faire avec un éclat dont le reflet a brillé jusqu'à présent dans les innombrables temples de Nara. Un peu morte aujourd'hui au milieu de son vaste parc qu'arpentent des biches mélancoliques, la petite ville se voit atteinte peu à peu par la marée des constructions, des usines qu'Ōsaka déploie jusqu'ici. Pour les « banlieusards » qui l'habitent, le passé le plus grand et le présent sous ses formes les plus agressives se rejoignent peu à peu et, une seconde fois, la rizière et ses hautes maisons coiffées de chaume reculent devant l'emprise de la ville.

Aux environs de Nara, le Hōryūji.

es célèbres daims du parc de Nara.

Kyōto

Vers 785, inquiet de la puissance croissante des moines et las des intrigues des grandes familles, l'empereur décida d'abandonner Nara et transféra sa capitale à 40 kilomètres au nord. Dix ans plus tard le nouveau palais était prêt et reçut la cour. Durant plus de mille années, Heian (la « capitale de la paix ») allait demeurer la résidence du souverain et le foyer rayonnant de la culture nationale.

*Temple
du sanctuaire Daigo.*

*Premier janvier
dans le parc du sanctuaire Heian.*

Aucune ville n'est aussi belle au Japon, aucune assurément ne se montre à ce point inépuisable à l'admiration du visiteur. Heian (devenue plus tard Kyōto, la « métropole-capitale ») s'est vue des siècles durant enrichie de palais, de temples, de jardins qui en font un des trésors de la civilisation humaine. Epargnée à ce titre par la Seconde Guerre mondiale, elle garde pour chacun, selon son tempérament ou ses goûts, quelques-unes des plus parfaites réalisations esthétiques de tous les temps : palais au décor éclatant d'ors et de laque, jardins compliqués et précieux, solitude recueillie des oratoires de Higashiyama, vastes perspectives de ces spacieuses cités bouddhiques que forment les plus grands temples, architectures audacieuses des principaux sanctuaires, paix ineffable enclose entre les parois austères des pavillons de thé... Toute la gamme de la sensibilité humaine se fait entendre ici, jouée par trente générations de peintres, d'architectes, de jardinistes.

LA CAPITALE DE LA PAIX

Vue des hauteurs qui l'encadrent à l'est, au nord et à l'ouest, la nouvelle capitale n'offrait pas, toutefois, un spectacle imposant. Seule, la haute silhouette des sanctuaires émergeait d'un océan de maisons basses alignant leurs toitures de tuiles grises au long de rues rectilignes. Entièrement construite selon un plan en damier imité, tel celui de Nara, de Tch'ang-ngan, la capitale des T'ang, elle s'ordonne sur l'axe du palais impérial, qu'une enceinte isole des quartiers populaires. Au centre de celui-ci le Taikyokuden, ou Grande Salle de l'Etat, se dresse sur un socle de pierre. Ce vaste hall de 50 mètres de long sur 15 de large abrite le trône impérial, que protège un baldaquin surmonté d'un phœnix. En arrière, les nombreux pavillons de la résidence s'agrémentent de jardins, tandis qu'au fond « l'Intérieur défendu » est la demeure de l'impératrice et des concubines. Tout autour se dressent les résidences nobiliaires, accessibles de la rue par de vastes portiques; leur plan symétrique s'orne de deux ailes en retour aboutissant à un étang. Enfin, à l'extérieur de cette cité aristocratique, les gens du commun vivent dans d'uniformes maisons de bois, distribuées en îlots rectangulaires de dimensions sem-

Sanctuaire Heian : le Soryu-Ryo (tours du Paradis).

blables et orientés eux-mêmes avec rigueur selon les points cardinaux.

La lecture du *Genji Monogatari* permet à l'imagination de peupler ce paysage, peu différent de l'actuel, de toute une foule d'artisans, de commerçants, et d'innombrables moines dont les sanctuaires garnissent les collines environnantes ou s'étalent dans la ville

même. Au long des rues avoisinant le palais passent avec lenteur de poussifs attelages de bœufs, moyen de déplacement ordinaire des nobles, tandis que des palanquins entièrement clos transportent, au trot rapide de leurs porteurs, de nobles et mystérieuses beautés à la longue chevelure. La vie officielle n'est pas moins strictement réglée que l'orientation ou la dimension des bâtiments. Le code de la cour des T'ang, appliqué avec rigueur, le détail des gestes et du costume fixé pour chaque circonstance permettent, plus encore que dans le Versailles de Louis XIV, de savoir à chaque instant, « avec un almanach », où se trouve chacun, ce qu'il fait et en quel apparat. Très tôt, le souverain et sa cour, prisonniers de ce rigide cérémonial, devaient se trouver incapables de songer aux affaires urgentes de l'Etat, et les maires du palais, plus tard les shōgun (généralissimes), accaparèrent peu à peu le pouvoir réel.

LA VIE DE COUR

Il est vrai que le temps se passe agréablement : des parties de campagne permettent à la cour d'aller admirer les cerisiers dans les bois de Yoshino, proches de Nara, ou les érables rougis par l'automne aux gorges prochaines de Takao. Des concours de poésie, dont l'usage s'est perpétué jusqu'à nos jours, d'innombrables intrigues auxquelles les jardins profonds et les dédales de pièces et de galeries que forme le moindre palais procurent un cadre romanesque à souhait, finissent par absorber toute la vie de la cour, îlot d'intrigues et de raffinement suprême au milieu d'un peuple demeuré rustique et d'un pays que menacent de graves problèmes.

Des grandes familles qui entouraient le souverain, aucune n'était aussi puissante que celle des Fujiwara : ils exerçaient de façon presque héréditaire la charge de régent, qui représentait le pouvoir réel, et c'était leurs filles qu'épousaient régulièrement les empe-

Le « New Tokkaidō » arrivant à Kyōto.

Passage dans le jardin Heian.

reurs. Lorsque, à la fin du IXe siècle, Sugawara no Michizane, d'origine bien moins brillante, fut parvenu, à force de travail et de sagesse, au second poste de l'Etat et que la faveur impériale menaçait d'en faire un régent, le clan Fujiwara n'eut de cesse qu'il eût forcé le souverain à l'exiler à Kyūshū. La cour n'osa jamais le rappeler et seul le vieux clan des Taira, de sang impérial, parvint à éliminer, au moyen de combats sanglants, la toute-puissante famille.

Durant la période de sa plus grande influence un art merveilleux s'épanouit dans la capitale. Le luxe et l'abondance régnaient dans l'aristocratie; ses résidences, d'une élégante simplicité, s'entouraient de jardins savants dont le reflet se prolongeait, peint à l'encre, sur les cloisons de papier qui en séparaient les innombrables pièces. L'inspiration religieuse, bouddhique essentiellement, qui dominait au début de la période faisait une place de plus en plus grande aux thèmes profanes, à la peinture de paysages ou de genre. Les célèbres rouleaux (makimono) qui illustrent le roman de Genji nous montrent avec éclat le cycle des saisons parées de couleurs chatoyantes et la vie des grandes dames de la cour, peignant leurs longs cheveux derrière des écrans de soie ou composant, rêveusement accoudées à la fenêtre, des poèmes pour leurs amants.

Temple du Pavillon d'argent ou Ginkakuji (1479).

UN SECOND ÂGE D'OR

Nous voici à présent en 1392. De luttes confuses émerge alors la famille Ashikaga, qui prend à son compte l'autorité shogunale et s'installe à Kyōto, dont le palais abrite toujours une cour fantôme. Une nouvelle et brillante période s'ouvre alors pour la capitale. Toutes les sectes bouddhiques connaissent un magnifique essor, aucune toutefois aussi complètement que le zen, qu'avaient déjà adopté dans l'enthousiasme les guerriers de Kamakura. Ses vastes monastères s'élèvent en différents points de la ville, riches, puissants et commandant aux peintres les plus talentueux de leur temps, Josetsu, Shubun et surtout Sesshu, aux jardinistes les plus réputés la décoration et l'aménagement de leur résidence abbatiale.

Les maîtres du pays s'entourent d'une cour brillante, éprise de sensations esthétiques rares, tout en sacrifiant à une mode chinoise quasi exclusive. Le shōgun Yoshimitsu porte des vêtements chinois et se déplace en palanquin

Porte du palais de Nijo-jo.

chinois; du grand pays voisin, les échos nombreux de la culture Song, la dépendance où étaient les moines zen de leurs chefs chinois, un goût général pour l'exotisme aussi entretiennent alors dans la capitale une atmosphère de luxe raffiné qui a laissé des témoignages dans presque tous les grands sanctuaires et les gracieuses résidences qu'habitent ou édifient les Ashikaga. Tels sont le Pavillon d'or, dont l'extérieur est entièrement recouvert de feuilles de ce métal, ou le Pavillon d'argent, édifié cinquante ans plus tard par le shōgun Yoshimasa à l'est de la ville. Dans ces cadres d'une simplicité coûteuse se déroule la cérémonie du thé, réunion de quelques amis choisis qui, tout en préparant et dégustant le thé vert, se livrent à d'érudites discussions sur les mérites comparés de telle ou telle peinture ou la nuance exacte de la clarté lunaire sur le sable blanc du jardin...

LA PARTIE DE THÉ DE KITANO

Troisième épisode à retenir : en 1584, le plus grand génie politique et militaire qu'ait vu probablement naître le Japon, Hideyoshi, devient régent et bientôt, une fois éliminées les grandes familles qui s'opposaient à lui, le maître absolu de tout le pays. Jusqu'à sa mort, des constructions fabuleuses s'élèvent dans la capitale et autour : le château d'Ōsaka, celui de Fushimi,

Temple de Kiyomizu : fontaine de pénitence.

Allée de torii du temple d'Inari.

Arbres en fleurs et pont japonais dans le sanctuaire Daigo.

le grand Bouddha de Kyōto, la fabuleuse résidence de Jurakutei surtout, dont, à la mort du dictateur, on dispersa les différents bâtiments dans les temples et les palais de la ville, où on peut encore les admirer aujourd'hui. Lançant des centaines de milliers d'hommes sur ces chantiers, drainant tous les peintres et sculpteurs de talent, Hideyoshi a laissé les témoignages les plus grandioses de l'art monumental japonais. Les plus somptueux aussi : sur les parois de ces immenses suites de salons, entièrement dorées à la feuille, des tigres rôdent parmi les touffes de bambou; des lions, des oiseaux au plumage chamarré, des scènes de cour traitées à la chinoise forment aux réceptions du shōgun un cadre éblouissant qui nous est parvenu intact au château de Nijo. Aucune de ces fêtes n'est aussi mémorable que la partie de thé de Kitano, où éclatèrent le goût du faste et la mégalomanie du maître d'alors. En novembre 1587, il invita tous ses vassaux, riches et pauvres, dans la capitale et, durant dix jours, chacun fut convié à exposer ses trésors artistiques, le shōgun tout le premier, au milieu de danses, de concerts, de concours poétiques. C'est aussi l'époque où le grand maître du thé et de l'arrangement des fleurs, Sen no Rikyu, devient l'arbitre du goût. Des pièces de thé, des jardins tracés par lui se voient en maints temples de Kyōto, et son style, d'une beauté austère, a laissé sur le paysage esthétique de la capitale une empreinte qui est aujourd'hui un élément de son charme.

De 1615 à 1868, la famille Tokugawa conserve le pouvoir, qu'elle exerce depuis Edo (Tōkyō), ne laissant survivre à Kyōto qu'une cour effacée. Les empereurs se succèdent, inefficaces et consacrant l'essentiel de leur temps à leurs flâneries artistiques ou poétiques. La vieille noblesse s'étiole dans ses résidences, et la somnolente Kyōto

Le Pavillon d'or ou Kinkaku-ji.

s'oppose de plus en plus à la capitale bruyante et affairée des shōgun, qui grandit rapidement sur les rives de la baie de Tōkyō. Elle demeure toutefois l'arbitre du bon goût et ne perdra jamais cette fonction, qu'elle exerce encore de nos jours dans le domaine de l'art traditionnel.

LA MONTAGNE DE L'EST

Il y a sans doute plus de temples à Kyōto que d'églises à Rome ou de mosquées à Istanbul. Ils se groupent toutefois selon certains itinéraires, dont le plus complet se trouve le long des collines qui bordent la ville à l'est. Y

flânant au hasard du sud au nord, voici d'abord le Tofukūji, construit en travers d'un vallon que franchissent plusieurs ponts et dont les bâtiments abritent d'innombrables œuvres de Sesshu; le Chishaku-in, au jardin tracé par Rikyu, dont le grand hall s'orne des plus brillantes peintures de

59

Jardin de la villa Katsura.

C'est peut-être dans le jardin du Ryoanji que se déroula cette histoire, rapportée par la tradition. Tout a été dit et écrit sur ce mystérieux assemblage de pierres, disposées comme à l'aventure sur un simple rectangle de sable gris et que cerne juste un peu de mousse. Une des plus parfaites réussites de l'art quasi abstrait auquel menaient les spéculations zen, il offre à la méditation de chacun, quelles que soient ses croyances ou sa culture, un support fidèle et amical. Non loin de là, le Pavillon d'or, reconstruit tel quel après le grand incendie de 1953, reflète toujours ses frêles parois brunies par la pluie au milieu d'un étang semé d'îles exquises. D'autres retraites, d'autres jardins s'abritent encore dans ces immenses cités monastiques que sont le Myoshinji ou le Daitokūji, toujours au nord-ouest de la ville. Au-delà commence la plaine de Sagano aux innombrables sanctuaires, jusqu'au jardin de mousse du Koke-dera, dont le silence recueilli est scandé par le bruit monotone de l'horloge à eau.

Au centre même de l'ancienne capitale, les deux vastes sanctuaires de Higashi et du Nishi-Honganji ont reçu, le second surtout, plusieurs bâtiments provenant du Jurakutei. Nulle part, toutefois, la splendeur de l'art des shōgun ne s'impose avec autant de majesté qu'au château de Nijo, où le dictateur recevait ses vassaux lors de ses passages à Kyōto. Une longue suite de salles de réception, continûment ornées de fresques coloriées, de vastes galeries aux plafonds caissonnés, un jardin verdoyant et lumineux montrent avec éclat le luxe dont aimait à s'entourer le parvenu de génie qu'était Hideyoshi. Non loin de là, le palais

l'époque Momoyama : grands bouquets de chrysanthèmes dont les fleurs, d'une blancheur de neige, se détachent en léger relief sur l'or vieilli des parois, érables pourpres, grands pins que paraît agiter la brise de la montagne toute proche.

C'est par deux escaliers bordés de pittoresques boutiques que l'on accède au Kiyomizu-dera, construit en porte à faux au-dessus d'un vallon et dont la haute toiture d'écorce se voit de tous les points de la ville. Passée la pagode isolée de Yasaka, voici le Chion-in, que précèdent, au pied de la colline, des portes gigantesques. Couvrant plus de 12 hectares, maintes fois détruit par le feu et toujours réédifié, ce vaste complexe de pavillons, de galeries et de jardins abrite une précieuse collection de sūtras imprimés en Chine sous les Song. Plus au nord, le Nanzen-ji est l'un des grands sanctuaires zen de la capitale. La petite suite d'appartements qui entoure le jardin a reçu les plus belles peintures qui ornaient le palais de Fushimi. Tout au nord, enfin, le Pavillon d'argent se dresse au milieu d'un jardin délicat et merveilleux adossé à la montagne, avec laquelle ses ramures le confondent.

LE JARDIN DE PIERRES DU RYOANJI

Un très vieux moine, ayant balayé comme chaque matin minutieusement son jardin, pénétra dans le sanctuaire pour s'y recueillir. Avisant là un novice

en oraison et voulant l'éprouver, il lui frappa légèrement l'épaule : « Va nettoyer le jardin », lui dit-il. Le jeune moine, sortant alors, aperçut le sable parfaitement ratissé, la mousse peignée à la perfection, chaque arbre taillé comme il convenait, et, ne sachant que faire, rentra un instant dans le sanctuaire sous l'œil amusé du vieux prêtre. Soudain, se levant, il avisa un jeune érable doré par l'automne, seule tache de couleur sur le sable et la mousse. Il le heurta légèrement de la main ; une feuille s'en détacha et vint se poser au hasard. Cela fait, il reprit son oraison. « C'est cela », lui dit simplement le vieux moine.

Temple Kiyomizu-dera.

60

impérial, reconstruit en 1855 après un incendie, est, au contraire, toute simplicité, ordonnant ses bâtiments et ses jardins parmi d'immenses cours sablées, selon un parti parfaitement symétrique.

KATSURA OU LES DÉLICES

A mi-chemin des collines de l'ouest et de la ville, au bord de la rivière Katsura, s'étend la plus parfaite réussite de l'architecture civile japonaise. Le palais de Katsura fut à l'origine une villa, édifiée à la fin du XVIᵉ siècle pour un prince de la famille impériale. Attribués au grand architecte Kobori Enshu, la résidence et le jardin portent à leur plus haut point d'achèvement le luxe simple et raffiné qui caractérise en définitive, en dépit des splendeurs de Nijo, l'esprit de Kyōto. L'histoire rapporte que Kobori, en recevant la commande de ce palais, posa trois conditions à sa participation : que le montant des dépenses ne soit point fixé, que le temps ne lui soit pas mesuré, enfin que personne ne vienne voir l'ouvrage avant son achèvement. Le résultat : un palais d'une grâce infinie, où aucun détail, le grain du papier des cloisons, les veines du bois des planchers, le grain de l'argile des parois, n'a été laissé au hasard et dont l'ensemble conserve cependant une parfaite unité. Tout autour : un jardin de rêve semé de pavillons réservés au repos ou à la cérémonie du thé, une suite de sentiers jalonnés de pierres moussues encerclant un étang. Une simple clôture de bambou sépare de la campagne cet îlot d'art absolu. A l'autre extrémité de la ville, juchée sur les collines du nord-est, la triple villa impériale de Shugakuin recrée, avec moins de perfection cependant, de semblables paysages. Ici et là l'homme s'est fait, de la nature, le maître absolu et génial.

Quand vous aurez vu tout cela, vous n'aurez encore rien vu, et au cours de longues journées de flânerie, le hasard d'une porte poussée, d'un chemin dans la montagne vous découvrira sans cesse de nouvelles merveilles. La Kyōto moderne elle-même, qui ne forme guère qu'un îlot de hauts immeubles parmi le moutonnement des toits de tuile, n'est pas sans charme. Il faut avoir parcouru la longue allée couverte de Shinkyogoku, artère bruyante et colorée bordée d'innombrables boutiques de souvenirs. Il faut aussi flâner, ne serait-ce qu'une heure, dans le vieux quartier de Nishijin, où s'élaborent, derrière de hautes fenê-

tres, les plus riches brocarts dont sont faits les kimonos et les ceintures de cérémonie. Il faut assister aux fêtes brillantes où la ville se donne le spectacle de son passé. Il faut enfin savoir découvrir dans la campagne alentour les sanctuaires moussus et les vieilles maisons rurales qui se perdent parmi les bambous et sous les pins, jusqu'aux

approches de Nara d'un côté, jusque vers le lac Biwa de l'autre. Du sommet du mont Hiei, qui sépare la ville du lac, la vue embrasse tout ce vaste paysage, et l'œil, errant au nord vers les hauteurs d'Ohara, à l'est sur la calme étendue du Biwa, se perd finalement au sud, où de lourdes nuées annoncent déjà l'industrieuse Ōsaka.

Le jardin de pierres du Ryoanji.

Miyajima et Hiroshima

Jusqu'à ces dernières années, l'île de Miyajima, qui se trouve dans la mer Intérieure, presque en face d'Hiroshima, demeurait au Japon le dernier refuge de la pureté parfaite selon l'idéal shintō.

Cimetière d'Hiroshima : jour anniversaire du lancement de la bombe atomique (6-VIII-1945).

L'ASILE DE PURETÉ

Tout ce qui pouvait compromettre celle-ci était sévèrement écarté. C'est ainsi qu'on ne pouvait ni y naître ni y mourir, les femmes en couches et les moribonds étant précipitamment passés en barque sur l'autre rive; aucun boucher n'avait le droit d'y résider et les arbres de la luxuriante forêt qui en tapisse les pentes demeuraient à l'abri de la hache. L'agriculture enfin, ce viol de la terre, était interdite. C'est qu'ici se trouve depuis près

de quinze siècles l'un des plus prestigieux sanctuaires de la religion ancestrale. Il s'annonce de loin au voyageur de l'autre rive par l'imposant *torii* (portique) rouge dont la marée haute envahit le pied deux fois par jour et qui précède au large les bâtiments.
Ceux-ci sont demeurés tels qu'en 1070, lorsque la famille Taira réédifia le temple entièrement. Un jeu savant de galeries encadre symétriquement le sanctuaire où sont honorées les trois filles de Susanoo, le dieu turbulent aux maintes aventures. Lorsque

Hideyoshi résolut, en 1588, d'envahir la Corée, il édifia ici, pour abriter son quartier général, un hall gigantesque, dit « des mille tatami » (en fait, sensiblement moins), dont la haute toiture n'abrite plus aujourd'hui que de pacifiques pèlerins.

HIROSHIMA HIER ET DEMAIN

Depuis le débarcadère de Miyajima, un quart d'heure de chemin de fer mène à Hiroshima, qui, dans le périple japonais, représente depuis 1945 une

de Miyajima : grand torii
sanctuaire d'Itsukushima.

63

*Inscription antiaméricaine
sur les murs de l'université.*

*Anniversaire à Hiroshima :
la foule pendant une allocution.*

étape majeure : celle de la douleur, sinon du remords. Plus encore qu'aux restes ou aux photographies de l'explosion atomique qui frappa, le 6 août 1945, cette vieille et brillante capitale féodale, c'est, chaque année, à la date anniversaire de ce jour que s'en vérifie le poids. Dans la tradition bouddhique, août est justement le moment où les âmes des morts reviennent pour un temps chez eux. Il faut avoir vu, dans le grand parc de la Paix, des milliers de lanternes flottant à la dérive, chacune symbolisant une âme, et suivies des yeux par une foule recueillie, replongée tout entière dans le cauchemar qu'elle a vécu. Le dôme atomique, les monuments, le musée des horreurs qu'on a édifiés près du point théorique de chute de la bombe n'ajoutent que peu à la mélancolie ou à la peur qui saisit alors chacun.

Tout autour, cependant, une des grandes villes du Japon moderne est née, plus brillante, plus riche qu'auparavant et gagnant sans cesse sur la mer, puisque la montagne la cerne sur ses trois autres côtés. Si l'on meurt encore, un quart de siècle après, de leucémie dans ses hôpitaux, c'est une foule alerte et gaie qui anime ses larges avenues, ses magasins et ses lieux de plaisir. Et tous les Japonais se plaisent à rappeler que le rire des habitants d'Hiroshima est plus joyeux, plus franc que partout ailleurs dans leur pays. Plus que de son passé, Hiroshima est riche de son avenir.

Ōsaka

Vue sur un canal, la nuit.

Sur une plage déserte, où les pins frémissent à la brise de la mer Intérieure, vinrent s'établir, vers la fin du IIᵉ siècle, certains clans de Kyūshū; le débarquement n'était guère aisé toutefois et le site en reçut le nom de *Naniwa*, les « vagues rapides », qui sert encore aujourd'hui à désigner poétiquement Ōsaka.

C'est ici que se fixa d'abord le centre politique de l'Etat japonais et que les empereurs du IVᵉ siècle édifièrent les premiers palais dont l'archéologie nous ait conservé la trace. Même lorsque la cour, un peu plus tard, se fut installée dans le proche bassin du Yamato, les souverains conservèrent une résidence à Niniwa, et l'impératrice Suiko y accueillit notamment, vers 600, les premiers envoyés venus de Corée. Ils apportaient avec eux le bouddhisme, et le sanctuaire de Shitennoji, le plus ancien du Japon avec le Hōryūji de Nara, en imprima bientôt ici la marque sur le rivage de l'archipel.

LA PLUS GRANDE FORTERESSE

C'est sur le site d'un autre temple, le Honganji, qu'Hideyoshi édifia, en 1583, le château d'Ōsaka, qui était la plus grande forteresse du pays. Le plus vaste bâtiment d'un seul tenant construit jusqu'alors au Japon, si l'on excepte le hall du Todaiji, s'éleva sur une base colossale, entièrement parée de granite et qui abritait, grande nouveauté dans l'art de la guerre de siège, de vastes caves où l'on accédait par des trappes. Ici, à l'abri de parois de 4 à 5 mètres d'épaisseur, se trouvaient des poudrières, des magasins d'armes et à vivres, les cuisines, le puits indispensable en cas de siège et des égouts qui aboutissaient aux douves. Cet ensemble, dont les ouvrages avancés et les dégagements occupaient une centaine d'hectares, fut abandonné en 1596 par le tout-puissant dictateur, mais à sa mort, sa femme et son fils Hideyori vinrent y résider de nouveau, jusqu'au jour où, assiégés par l'immense armée de Ieyasu Tokugawa, ils se donnèrent la mort plutôt que de tomber entre ses mains.

De très bonne heure, une puissante colonie de négociants s'était établie sur ces rivages. Fixée d'abord à Sakai, à 10 kilomètres plus au sud, elle se déplaça dès le XVIIᵉ siècle au pied de la nouvelle forteresse. Plus polie, plus aimable que la bourgeoisie d'Edo (Tōkyō), cette classe marchande amasse rapidement des fortunes fabuleuses. Ses résidences, d'apparence austère à cause des réglementations somptuaires, recèlent dans leurs innombrables pièces des profusions de laques, de soieries, de peintures, d'ors, et ses femmes portent sous un simple kimono de coton les lourds brocarts tissés pour elles par les soyeux voisins de Kyōto. L'un de ces marchands, Yodoya, devint même si riche que sa fortune porta ombrage au shōgun et fut confisquée. Il possédait, nous disent les documents du temps, cinquante paires d'écrans à fond d'or, trois cent soixante tapis, des pierres précieuses en nombre incalculable et des centaines de milliers de pièces d'or.

SYMBOLE DE PROSPÉRITÉ

Pour ces hommes âpres au gain, mais amis du plaisir, dont le romancier Saikaku nous a décrit l'existence haute en couleur, une culture raffinée s'élabora, dont le joyau est peut-être le théâtre de poupées, pour lequel le Molière japonais Chikamatsu écrivit alors de très nombreuses pièces. C'est un monde de plaisirs rapides, de maisons de thé, de restaurants flottants amarrés sur les nombreux canaux de cette « Venise du Japon », de rendez-vous et d'intrigues avec de hautaines et mystérieuses geishas que fréquentent en secret les fils prodigues... cependant que sur les quais s'accumulent et partent des marchandises de tout le pays. L'architecture et la sculpture brillent peu, mais de grands peintres, Sotatsu, Korin, Kenzan, couvrent de somptueux dessins

Panorama de la ville.

et de couleurs éclatantes paravents, éventails, céramiques, etc.

Cette foisonnante vitalité, ce goût volontiers tapageur, cette frénésie du gain et de la dépense animent encore aujourd'hui la deuxième agglomération du pays. La plage déserte où abordèrent les premiers maîtres du Yamato est aujourd'hui couverte de quais et d'usines sur 70 kilomètres, et la marée des constructions remonte dans l'intérieur jusque vers Kyōto et Nara. De cette prospérité, l'Exposition universelle de 1970 fut l'affirmation et le symbole. Sous sa noire coupole de fumée (l'air d'Ōsaka est l'un des plus pollués du monde) s'active ici l'une des grandes métropoles économiques du XXᵉ siècle. Du haut de son socle de granite, le donjon d'Ōsaka, reconstruit en béton, domine un immense paysage de canaux et d'ateliers, d'où émergent, au centre, de hautes constructions de béton et de verre : la capitale de l'Ouest japonais, l'un des deux piliers de la troisième puissance du monde.

Jeunes écoliers à l' « Expo 70 ».

Nagasaki

L'escalier menant au sanctuaire de Suwa.

Son site est l'un des plus magnifiques du monde : une longue ria, au fond de laquelle la ville se tapit et dont elle escalade les versants par d'innombrables chemins dallés. Dans l'histoire du Japon, Nagasaki représente la première étape occidentale, la seconde étant Tōkyō depuis 1854. C'est aussi la grande étape chrétienne de ce pays qui l'est si peu, mais eut tout de même, ici notamment, une histoire catholique tragique et brève.

L'arrivée de François Xavier à Kyūshū en 1549 fut suivie de la conversion de plusieurs daimyō de l'île, tandis qu'en 1571 accostait le premier navire marchand, venu de Macao. La ville eut rapidement des comptoirs portugais, plus tard espagnols, puis hollandais et chinois; seuls, ces deux derniers réussirent à se maintenir après 1638, lorsque le gouvernement shōgunal eut décidé de clore définitivement le Japon aux étrangers. Dès lors et jusqu'à sa réou-

Les chantiers navals sont les plus importants du Japon.

verture en 1859, Nagasaki devint la seule porte du savoir occidental de tout l'archipel et, en 1810, après que Napoléon et l'Angleterre eurent rayé de la carte la Hollande et ses colonies, le drapeau batave ne flotta plus qu'ici, au-dessus de l'îlot minuscule de Deshima, où vivait, quasi prisonnière, la petite colonie.

LA PLUS ÉTRANGÈRE DES CITÉS JAPONAISES

Les Chinois purent également continuer leur commerce, et leur empreinte sur la ville est demeurée plus forte ici que partout ailleurs dans le pays; sans doute parce que, moins « japonisée » que dans les autres cités, elle date surtout de l'époque Ming et parce qu'elle fut apportée par les habitants du Fou-kien, ces grands amateurs de vives couleurs, de toits emberlificotés, de vins fins et de bonne chère. Sous Meiji, la liberté religieuse fut rendue et l'on vit débarquer de nouveau les missionnaires étrangers; quelle ne fut pas leur surprise quand ils virent venir à eux des chrétiens, qui, tout en la cachant, s'étaient transmis leur foi de génération en génération depuis plus de deux siècles! Pour eux on édifia ici la plus grande cathédrale du pays, aussi exotique aux yeux des Japonais que le serait un temple bouddhique dans une cité provinciale française.

Autant que les Japonais, tous les étrangers ont été sensibles au charme « exotique » de Nagasaki : les temples chinois, les villas de style colonial élevées par les marchands occidentaux sous Meiji, les innombrables restaurants étrangers (la flotte russe de Vladivostok venait hiverner ici avant la guerre), les souvenirs réels ou prétendus (comment ne pas parler de Madame Chrysanthème et de Loti, si absurde que soit l'image du Japon qu'il nous a laissée?) composent à la ville un charme unique en Extrême-Orient. Tout cela sur un fond d'épisodes sanglants, dont le martyre infligé aux catholiques au début du shōgunat et la bombe atomique d'août 1945 demeurent les plus vivaces au cœur des habitants. Ceux-ci, au nombre de 450 000 environ, ont fait de leur cité un centre commercial prospère, et le rythme sonore des plus grands chantiers navals japonais y berce à présent les souvenirs de la plus étrangère des grandes cités japonaises.

La ville est entourée de collines.

Kamakura

Se rendant un jour chez le souverain qui l'avait convoqué, le grand-père du shōgun Yoritomo déclarait fièrement : « Je suis venu parce que le chef de ma maison m'a dit de venir au palais, car nous autres Minamoto ne servons pas deux maîtres. » C'est à Kamakura, à 500 kilomètres au nord-est de la capitale impériale, que Minamoto Yoritomo, vainqueur du clan Taira et maître virtuel du pays, établit son gouvernement militaire et que se développa, à partir de 1192, la féodalité japonaise.

Cette baie tranquille, qui s'ouvre sur le Pacifique à quelque 50 kilomètres de l'actuelle Tōkyō, devint alors, pour un siècle et demi, le centre politique du Japon. Militaire dans l'âme, paré par l'empereur du titre de « Seii-Tai-Shō-gun » (généralissime chargé de soumettre les barbares), Yoritomo donna à sa capitale une allure de grand quartier général, tout en ayant la sagesse d'y attirer de la cour quelques fonctionnaires experts aux choses de !'administration.

SAMURAI ET PRÉDICATEURS

Ses deux fils lui succèdent, mais périssent tous deux assassinés. Dès lors, les shōgun ne sont guère que des pantins, manœuvrés par leurs conseillers, tous issus de la puissante famille des Hojo. Le Japon du XIIIᵉ siècle est ainsi « un Etat à la tête duquel est un empereur titulaire, dont les restes de fonction sont exercés par un empereur qui a abdiqué et dont le pouvoir réel est délégué à un dictateur militaire (shō-gun) héréditaire, mais exercé en fait par un conseiller héréditaire » (Sansom). Cette carence de l'autorité a pour résultat le plus clair de resserrer les liens de fidélité d'homme à homme : c'est durant le siècle et demi du shōgunat de Kamakura que les institutions féodales du Japon, qui devaient durer jusqu'au siècle dernier, prirent la place de la bureaucratie de cour traditionnelle. Toute la classe guerrière s'organise en une hiérarchie de vassaux et de suzerains, les uns peuplant le « grand quartier général », qui atteignit sans doute alors un million d'habitants, les autres vivant sur leurs domaines.
Ces soldats austères, esclaves du devoir, de mœurs spartiates au début, se virent peu à peu tentés par le luxe que demandait leur nouvelle condition de propriétaire terrien et, une fois

Le grand Bouddha de Kamakura date du XIIIᵉ siècle.

passées les premières années de luttes, les nouveaux dirigeants se mirent à cultiver les arts pacifiques. Une puissante renaissance du bouddhisme orchestre cette activité littéraire et artistique. Les vieilles sectes de Nara connaissent un vif renouveau, tandis qu'en surgissent de nouvelles, fondées par de grands moines : Honen, Shinran, Nichiren. Ce dernier est le type du grand prédicateur populaire, fustigeant devant les foules assemblées aux carrefours l'administration des Hojo, l'indocilité de la classe militaire aussi bien que les erreurs des sectes rivales. Ses invectives s'adressaient notamment au zen, dans lequel il voyait « une doctrine de démons », mais dont le grand essor et l'influence

décisive sur toute la culture japonaise datent de Kamakura.

TRIOMPHE DU ZEN

On peut s'étonner qu'une classe guerrière comme celle qui régnait alors ait patronné une secte purement contemplative comme le zen. Celui-ci, toutefois, rejetait les spéculations métaphysiques, peu propres à séduire l'âme militaire simple et rude, et, dépourvu de dogme, il s'adaptait aux exigences intimes les plus diverses, tandis que l'appel à l'effort personnel pour atteindre l'illumination plaisait particulièrement à ces hommes pour qui la maîtrise de soi était exercice quotidien. Durement combattu par les autres sectes, qui allèrent jusqu'à incendier ses sanctuaires, le zen s'im-

posa finalement et les plus beaux temples de Kamakura sont encore ceux qu'il édifia.

C'est dans ses édifices religieux que s'est aujourd'hui réfugiée essentiellement la splendeur passée de la vieille capitale, devenue une simple petite ville de la banlieue de Tōkyō. Il faut consacrer plusieurs journées à explorer ces poétiques collines qui abritent dans leurs vallons boisés la plupart de ces temples. Ceux de la secte zen étaient au nombre de cinq, dont l'Engakūji et le Jufukūji, fondés par l'épouse de Yoritomo, Masako. Le plus remarquable est le Kenchoji, édifié par un Hojo pour un illustre moine chinois qui en fut le premier abbé. Des autres sanctuaires, relevant de diverses sectes, l'un recèle le célèbre Grand Bouddha de bronze. Un raz de marée le priva, en 1495, du vaste sanctuaire qui l'abritait jadis, comme celui de Nara, et c'est en plein air qu'il offre désormais à la dévotion des pèlerins le spectacle serein de sa face aux yeux mi-clos, dénuée de passion, aboutissement suprême de l'idéal bouddhique.

La ville actuelle de Kamakura s'ordonne de part et d'autre d'une majestueuse allée de pins, qui part de la plage et aboutit au pied de l'escalier conduisant au grand sanctuaire shintoïque de Hachiman. Celui-ci, dont les bâtiments actuels sont de style Momoyama, a été fondé par Yoritomo. Il fut le théâtre d'un des épisodes les plus fameux de cette époque et que maintes pièces de kabuki ont depuis fait revivre. Poursuivant de sa haine son jeune frère Yoshitsune et cherchant à le faire mourir, le puissant dictateur réussit, à la fuite de celui-ci, à s'emparer de sa maîtresse, la célèbre Shizuka, et la força à danser devant lui dans l'espoir qu'elle accoucherait prématurément de l'enfant qu'elle portait. Ce dessein échoua toutefois et Yoritomo dut faire occire l'enfant après sa naissance.

Le parc magnifique qui entoure le sanctuaire abrite le remarquable musée d'Art moderne, chef-d'œuvre de l'architecte Sakakura, qui fut un élève de Le Corbusier. Sur la longue plage où les samurai s'exerçaient jadis au tir à l'arc, des foules compactes de baigneurs se pressent à présent en été. L'automne revenu, toutefois, la mer et la forêt n'encadrent plus qu'une calme et verdoyante cité de grande banlieue, animée matin et soir par la migration quotidienne de ses habitants. C'est dans cette oasis de calme et de beauté que le grand écrivain Kawabata Yasunari a composé l'essentiel de son œuvre.

Visite au sanctuaire de Kenchoji.

Autoroute surélevée au cœur de la ville.

Tōkyō

L'immense plaine de Musashino
Ne porte pas une seule colline.
Où la lune pourrait-elle s'y reposer?
— en glissant sur la mer des herbes.

Lorsqu'en 110 apr. J.-C. le prince Yamatotake, envoyé par son père, l'empereur Keiko, pour subjuguer les rebelles des régions septentrionales, parvint dans la région de Musashino, il dut prendre une embarcation afin de traverser ce qui est aujourd'hui la baie de Tōkyō. A peine était-il au large qu'un vent violent se leva et, son esquif dangereusement balancé, menaçant de couler à chaque instant, il pensa rebrousser chemin. Son épouse, Ototachibana, voyant dans la tempête une manifestation de la colère divine, résolut de se sacrifier pour le succès de l'entreprise et se précipita dans les flots en holocauste; les eaux se calmèrent instantanément.

LE CHÂTEAU DES SHŌGUN

De longs siècles encore les eaux de cette baie vinrent lécher des berges vaseuses encombrées de roseaux, où les gens du pays allaient chasser le canard. En 1457, le seigneur de la région, Ota Dokan, décida de bâtir un fort au milieu de ces marécages, qui lui assuraient une défense sans égale. Sa position au fond d'une baie et l'accès difficile depuis l'arrière-pays faisaient de ce site la clé des provinces du Nord-Est. Une allée de pins reliait le château à la mer, et le mont Fuji, qui se trouve juste à 100 kilomètres, dominait, à l'ouest, son horizon. Il changea ensuite plusieurs fois de main jusqu'au jour où Hideyoshi confia la moitié orientale du Japon à son fidèle vassal Ieyasu Tokugawa, en lui conseillant d'installer à Edo son quartier général, ce que fit celui-ci en 1590. Maître à son tour de tout le pays à la suite des batailles de Sekigahara et d'Ōsaka, Ieyasu, suivant l'exemple lointain de Yoritomo lorsqu'il se fixa à Kamakura, décida d'établir ici, à une grande distance de Kyōto, non seule-

Douves du Palais impérial.

Ci-dessous : *le port, avec,
à gauche, le Hammamatsu-Cho building.*
A droite : *police montée féminine.*

ment le siège de sa puissance militaire, mais encore la future capitale administrative et intellectuelle du pays et, si possible, le centre de sa vie économique. On attira des marchands depuis Ōsaka, des lettrés et des fonctionnaires de la capitale impériale, et une immense cité fut tracée. Au centre fut édifiée la plus grande forteresse qu'ait jamais vue le Japon, pour laquelle chaque vassal fut obligé de

fournir une forte contribution. Chacun d'eux dut aussi construire, à proximité du château, une résidence de dimension et de luxe appropriés à son rang, où il était tenu de résider six mois, son épouse y demeurant le reste de l'année en otage, tandis qu'il regagnait son fief.

Lorsqu'on entreprit, voici quelques années, de réparer le pont double menant à la résidence impériale, dans l'ancien château d'Edo, plusieurs douzaines de squelettes, certains en position verticale, furent découverts dans le sol. C'est qu'on croyait jadis, l'histoire japonaise en porte d'autres témoignages, consolider définitivement un édifice en l'étayant de quelques-uns de ces *jinbashira* (« piliers humains »), ceux-ci étant naturellement, c'était la condition de leur efficacité, enterrés vivants. De fait, le château des shōgun, devenu le palais impérial, a survécu aux séismes, aux incendies et aux bombardements de la dernière guerre (seule, la résidence a été détruite) et forme encore, au centre de la plus grande agglomération urbaine du monde, un îlot d'eaux dormantes et de verdure de plusieurs kilo-

mètres carrés. Ses enceintes extérieures — 26 kilomètres de canaux aux levées de terre parées de granite — scandent toujours les paysages du centre, et de paisibles chalands en parcourent aujourd'hui les douves.

L'HISTOIRE DE CHOBEI

Tout autour de la cité militaire, des quartiers bourgeois et marchands furent établis, la plupart conquis par assèchement aux dépens de la baie. Plus encore, semble-t-il, que les autres villes japonaises, Edo fut à maintes reprises la proie des flammes, et l'un des hommes d'Etat de l'époque Meiji, le marquis Okuma, disait que ces « fleurs d'Edo », comme on les désignait poétiquement, étaient bien nécessaires, car elles fournissaient une occasion de rénover périodiquement la ville, que sans elles les hommes n'auraient jamais provoquée. L'histoire de la cité représente, à cet égard, une longue suite de sinistres. Le premier la détruisit complètement onze ans après l'achèvement du château, en 1601. En 1657, un incendie fit périr 100 000 personnes et un autre détruisit

223 rues en 1772. C'est le grand séisme de 1923, toutefois, qui déclencha le plus violent d'entre eux, puisque près de 400 000 maisons furent consumées en quelques jours.

Pour séparés qu'ils fussent dans les quartiers résidentiels qui leur étaient assignés, samurai et gens du peuple se coudoyaient dans certaines rues et notamment dans le fameux quartier de plaisir de Yoshiwara (la plaine des Roseaux), qui renferma, au temps de sa plus grande splendeur, jusqu'à 2 000 courtisanes et toute une population de servantes, de bateleurs, de gens de tout acabit. Les jeunes samurai y fréquentaient sous un déguisement, tandis que les plus riches marchands y donnaient des fêtes fracassantes. Jusqu'en ce lieu, toutefois, la hiérarchie des classes sociales régnait avec force, comme le montre l'histoire de Chobei.

Celui-ci, chef de gang redouté, entrant un jour dans un restaurant de ce lieu, s'assit à une table déjà dressée et commença de se servir des mets qui s'y trouvaient disposés. Survint alors le légitime occupant, un jeune noble de l'entourage du shōgun, qui, décidant de prendre la chose en plaisanterie et ayant invité Chobei à dîner, se mit par provocation à lui présenter les mets au bout de son sabre. Désireux de rendre cette perfide politesse, l'autre demanda alors à son hôte quel était son plat préféré et, s'étant entendu répondre ironiquement que c'étaient les nouilles, plat favori des basses classes, en fit servir aussitôt des montagnes. Résolu de venger cet affront, le jeune seigneur invita chez lui son rival à quelque temps de là, et Chobei s'y rendit ainsi que l'honneur le lui commandait. Sitôt entré chez son hôte, celui-ci lui offrit de prendre un bain, politesse courante avant le repas. Sûr du sort qui l'attendait, Chobei entra dans le *furo*, se déshabilla avec un courage tranquille et tomba aussitôt sous les coups des gardes qui s'y trouvaient cachés. A ce moment, quelques-uns des membres de son gang se présentèrent à l'entrée avec un cercueil, dans lequel ils remportèrent le corps de leur chef.

LES PLAISIRS DE LA SOCIÉTÉ

Si rudes qu'aient été les mœurs de tels hommes, Edo épanouit pour eux une culture d'un grand raffinement, proche de celle qui se développait au même moment à Ōsaka. A nul moment la vie urbaine ne fut aussi brillante qu'aux environs de 1700, période appelée *Genroku* dans les annales japonaises. La bourgeoisie atteint alors un grand

La tour Mitsubishi.

degré de prospérité; son importance réelle dépasse de beaucoup celle des samurai, qui s'appauvrissent relativement et, bien que tenant avec morgue le haut du pavé, vivent dans une oisiveté forcée, tout combat étant interdit sous peine de mort. Entre les millions de paysans, pauvres et laborieux, et l'aristocratie militaire, orgueilleuse et de stricte moralité, cette société marchande aime avant tout les plaisirs, fréquente acteurs et courtisanes, va se distraire en compagnie de geishas, et suit avec passion les spectacles de kabuki ou de marionnettes, venues d'Ōsaka et dont le grand récitant Gidayu accompagne l'action. Bien différente de celle d'Ōsaka, la société d'Edo est le mélange d'individus venus de toutes régions propre aux cités neuves; s'y fondent ou s'y opposent les hommes volontiers doux et hédonistes de l'Ouest, et ceux de l'Est, rudes et querelleurs. Capitale militaire, Edo aime les pièces guerrières avec jeux de sabre et combats singuliers, alors que les foules d'Osaka s'attendrissent plus volontiers au spectacle des amants séparés par un sort cruel. Les premières estampes représentant les plus fameux épisodes de ces pièces, les acteurs les plus populaires commencent à se vendre partout; d'autres évoquent avec bonhomie et humour les scènes de la rue ou les principales étapes du Tokaido, la longue route bordée de pins qui, longeant le Pacifique, puis le lac Biwa, mène à Kyōto et jusqu'à Osaka.

EDO DEVIENT TŌKYŌ

En se réveillant un beau matin de juillet 1853, les paisibles habitants d'Uraga, à l'entrée de la baie de Tōkyō, virent deux frégates à vapeur se balançant à quelques encablures. Ecartant avec fermeté les embarcations

Le marché aux fleurs, à Tōkyō.

indigènes qui tentaient d'entourer ses vaisseaux, le commodore américain Perry, qui les commandait, demanda à parler aux fonctionnaires du rang le plus élevé, tandis que les insulaires, non moins soucieux de prestige, adressaient le chef des barbares à des officiers subalternes. Finalement, après cinq jours de négociations où chacun s'évertua du mieux possible à conserver le dessus, Perry parvint à faire remettre une lettre de son président pour l'empereur du Japon et promit de revenir au printemps suivant chercher la réponse. Cet épisode fameux qui inaugure le siècle moderne du Japon allait avoir pour Tōkyō des conséquences fabuleuses. Lorsque Perry se présenta au printemps, avec huit vaisseaux de guerre, ce dernier argument parut irrésistible et le pays s'ouvrit au commerce étranger, tandis que le jeune empereur Mutsuhito, qui prendrait après sa mort le nom glorieux de Meiji, venait s'installer solennellement à Edo, rebaptisée Tōkyō, la « Capitale de l'est ».

La nouvelle capitale impériale accusa immédiatement dans son paysage la grande révolution en cours. On appela des architectes d'Occident, qui édifièrent une gare monumentale, des banques, des ministères dans le plus pur style Louis XIII, à grand renfort de portiques, de frontons et de colonnes. En avant du château, devenu le palais, s'étendait une grande prairie, propriété des Mitsubishi. A l'aide d'un

Sortie de classe, un jour de pluie.

architecte anglais, Webster, ceux-ci y édifièrent le quartier d'affaires de la nouvelle métropole : en quelques années, elle se couvrit d'un réseau de rues en damier où les grandes compagnies industrielles et commerciales groupèrent leurs quartiers généraux. Au bout de Ginza, la principale artère, l'embarcadère de Shinbashi vit arriver le premier chemin de fer japonais, menant à la colonie occidentale de Yokohama et bientôt prolongé jusqu'à Kyōto et Osaka.

De grands magasins s'élèvent de toute part et le spectacle de la rue s'occidentalise rapidement. Des messieurs élégants en frac ou redingote croisent sur la Ginza des dames de la société dont l'apparence ne le cède en rien à celle des modèles du *Magasin des modes*. Au club Rokumeikan, où se réunit le gratin, des bals fracassants évoquent assez exactement, sur les bords de la Sumida, ceux que l'impératrice Eugénie donnait à Compiègne quelque vingt ans auparavant. Partout des restaurants de style européen, des magasins de mode, des salons de coiffure, quelques automobiles même impriment la marque du siècle nou-

Enseignes de restaurants dans une petite rue donnant sur Ginza.

veau dans ces rues bordées encore des traditionnelles maisons de bois et que parcourent les premiers *jinrikisha*.

ÉPREUVES ET TRIOMPHE

Le 1er septembre 1923, à 11 h 58, l'officier du palais chargé de tirer, comme chaque jour, le coup de canon de midi, sent soudain le sol se dérober sous lui et ne parvient qu'en rampant jusqu'à

Dans les couloirs du métro.

son affût. A l'ambassade de France, l'ambassadeur Paul Claudel quitte précipitamment son bureau et, de la cabane de jardin où il s'est réfugié, assiste en quelques minutes à l'écroulement de sa maison. Des files entières de maisons s'effondrent comme des châteaux de cartes et, de tous côtés, le feu gagne à une vitesse stupéfiante, lançant par les rues des foules hagardes fuyant au hasard, certains

même se jetant dans la rivière ou les canaux pour échapper aux flammes. Près d'Asakusa, un dépôt d'habillement de l'armée offrait un vaste terrain libre; une trentaine de milliers de pauvres gens s'y précipitèrent, pensant y être à l'abri du feu. Une pluie d'étincelles s'abattit toutefois sur les piles de vêtements qu'ils avaient emportés hâtivement avec eux et bientôt, prisonniers des flammes, ils périrent tous dans d'horribles souffrances. 350 000 maisons, 70 000 disparus, tel fut le bilan de cette journée, tandis qu'à Yokohama les bâtiments de pierre où demeuraient les Occidentaux formaient, en s'écroulant, un autre spectacle de désolation.

Vingt ans plus tard un autre océan de feu recouvre la ville, survolée nuit après nuit par des escadrilles serrées de forteresses volantes. 767 000 maisons sont alors détruites, cependant que 3 millions de personnes fuient la ville en proie aux flammes. Et, dès 1945, le miracle commence. Ce n'est pas qu'on profite de ces grands sinistres, pas plus qu'en 1923, pour reconstruire la ville selon un urbanisme plus adapté à notre époque. Non, les idées modernes en matière d'aménagement urbain ne se feront que lentement jour au Japon. On préfère conserver la trame ancienne des rues héritées de l'époque féodale, et les citadins, attachés à leurs jardinets, ne consentent qu'avec répugnance à se loger en banlieue, dans les appartements de béton qu'on commence à leur proposer.

Mais quelle frénésie dans la construction! Le verre, l'acier, le béton, le marbre éclatent de tous côtés dans le centre; le métro, commencé avant la guerre, éventre le sol sur des kilomètres, tandis qu'un réseau audacieux d'autoroutes aériennes courant au niveau du toit des habitations permet de traverser le cœur de la ville, en état de congestion permanente, à 80 kilomètres à l'heure. Les techniciens ont enfin trouvé, du moins l'affirment-ils, le moyen de construire des gratte-ciel à l'américaine qui résistent aux séismes, et les trois premiers, quarante étages en moyenne, dominent de leurs silhouettes abstraites le moutonnement familier des toits de tuile et des jardins. La ville déploie rapidement ses tentacules à travers la plaine, qui, vers l'ouest, s'étend jusqu'aux approches du mont Fuji, tandis qu'à l'est elle cerne à présent la baie d'une ceinture enfumée de polders industriels. Où s'arrêtera Tōkyō?

Un nœud urbain à plusieurs niveaux : la gare de Shinjuku.

Famille japonaise sous un torii de Nikkō.

Nikkō

« Il est à peine surprenant que les voyageurs étrangers regardent Nikkō, et de loin, comme le point le plus intéressant d'une visite au Japon » (Guide officiel du ministère des Transports). « [...] Au même moment que s'édifiait le palais de Katsura, les Tokugawa firent construire ces temples barbares et ostentatoires à Nikkō... » (Bruno Taut, *Houses and People of Japan*).

Même si l'on se range au second de ces avis, les mausolées que le troisième shōgun, Iemitsu, fit élever de 1634 à 1636 à la mémoire de son aïeul Ieyasu se taillent, bon gré mal gré, une place bien en vue au sein de l'art japonais, celle qu'occuperait dans une société choisie un personnage haut en couleur, d'une richesse ostentatoire, à la distinction douteuse de parvenu... qu'on vient voir tout de même, ne serait-ce qu'une fois, puisque chacun en parle. En outre, la nature a enveloppé ces édifices d'une majestueuse forêt de cryptomères et disposé à l'entour lacs, torrents et cascades qui font à ce joyau d'un aloi douteux un écrin merveilleux.

LE MAUSOLÉE DE IEYASU

Si Nikkō mérite à la rigueur de figurer parmi les grandes étapes de l'histoire japonaise, c'est aussi parce que ses temples évoquent la dernière très grande famille féodale du pays et sont le sceau éclatant d'une richesse et d'une puissance qui firent d'elle la maîtresse absolue de l'archipel durant les deux cent cinquante ans précédant la restauration impériale de 1868. Rien ne fut épargné pour donner une idée magnifique de sa grandeur. Des milliers de charpentiers furent attirés de Kyōto et de Nara, 2 millions et

demi de feuilles d'or (représentant une superficie de 2 hectares et demi), des troncs qui, mis bout à bout, s'allongeraient sur 500 kilomètres, des tonnes de laque, des kilomètres de brocart furent mis à la disposition des quinze mille travailleurs, menuisiers, sculpteurs, peintres, laqueurs qui, en vingt-quatre mois, édifièrent Nikkō.

Une longue voie triomphale de plus de 100 kilomètres, plantée tout du long de cryptomères, fut tracée depuis Edo jusqu'au pont de laque rouge au-delà duquel se déploient les temples. De ceux-ci, c'est le mausolée de Ieyasu qui offre le plus de richesse et notamment sa porte, le Yomeimon, entièrement sculptée et rehaussée des couleurs les plus vives. Ici et là, les animaux dus au ciseau de Hidari Jingoro, singes, chats, chiens, oiseaux, donnent à ce décor volontiers théâtral une note humaine et parfois ironique. A l'intérieur, une succession de salles de plus en plus richement ornées conduisent au sanctuaire qui abrite les esprits des trois plus grands génies militaires du pays : Yoritomo, Hideyoshi et Ieyasu. Plus que l'or et la laque toutefois, les eaux vives et les grands murs de pierres moussues, les verts et les gris de la forêt que l'automne pare d'un or discret forment à la dépouille du dictateur une parure simple et grandiose. La nature, qui rehausse l'art à Ise ou à Katsura, ici le sauve.

Le mausolée de Ieyasu : Toshogu.

Prêtres shintoïstes chargés de la surveillance des temples.

Mariage bouddhiste au temple Chusonji.

Hiraizumi

**Les herbes folles de l'été :
Tout ce qui demeure
Du rêve des guerriers d'autrefois.**

Cette strophe mélancolique du grand poète Basho, qui visita Hiraizumi au XVIIᵉ siècle, évoque un des épisodes les plus brillants de la conquête du nord de leur pays par les Japonais. Dans une province qui était encore une semi-colonie, un Fujiwara fonda, en 1090, une capitale qu'il espéra voir rivaliser avec Heian la Merveilleuse. Dans la verte vallée de la Kitakami, il en traça le plan en damier, l'orna de

temples magnifiques et créa au cœur de ces montagnes froides et désertes un centre de vie intellectuelle, religieuse et artistique qui vécut près d'un siècle, jusqu'à ce que Yoritomo anéantisse la jeune dynastie, en 1189. Aujourd'hui, comme à Nara, la rizière a pris possession de la cité, et seul le sanctuaire du Chusonji permet d'imaginer ce que fut le dernier éclat de la famille Fujiwara.

Mariage bouddhiste (suite) : le moine remet un présent à la mariée.

Le Chusonji s'étend, comme bien des temples de Kyōto et comme ceux de Nara, dans une forêt d'immenses cryptomères, où se dispersèrent jusqu'à quarante bâtiments au temps de sa plus grande splendeur. Peu ont survécu, et parmi eux, le plus précieux, le Konjikido, qui doit son appellation à l'or qui le recouvre entièrement à l'extérieur. Dans la pénombre du sanctuaire, entièrement laqué de noir, aux piliers incrustés de nacre, onze images bouddhiques à l'or fané veillent sur les restes des trois grands chefs Fujiwara. Dès 1288, ce précieux édifice fut abrité d'un hall, à peine plus grand, d'une belle simplicité d'architecture. Depuis la guerre, ce temple-abri a été reconstruit à côté, tandis que le Konjikido, entièrement démonté et restauré, s'offre à l'admiration dans une châsse de verre climatisée.

Plus qu'à ce rarissime témoignage de la magnificence de la décoration à la fin de l'époque de Heian, l'imagination s'exalte aujourd'hui au spectacle du site dominant la plaine de la Kitakami et les lointains bleuâtres du « Tibet japonais »; des bâtiments de style simple et dont le bois laissé non peint s'est vigoureusement buriné sous la pluie et la neige de ce rude pays; du théâtre de nō en plein air; des étangs, des chemins dallés et, au pied de la montagne, des restes de l'ancienne résidence de la famille princière, dont le plan, tracé selon le style des grands palais de Heian, demeure inscrit sur le gazon. Le souvenir de Yoshitsuné, le jeune et téméraire frère du shōgun Yoritomo, subsiste dans la villa que construisirent pour lui les Fujiwara lorsque, poursuivi par la haine de son tout-puissant aîné, il vint chercher refuge dans ces montagnes. Cette hospitalité ne tarda pas à éveiller la méfiance de l'autorité et, plutôt que de s'exposer davantage à la colère du shōgun, les Fujiwara le firent assassiner, brisant à trente ans à peine un des plus étonnants destins du Japon médiéval.

Un petit temple dans la forêt.

Le port d'Abashiri,
à l'extrême nord
du Japon.

Lorsque, au moment de la restauration impériale, la France se rangea, avec un remarquable manque d'à-propos, du côté du gouvernement shōgunal contre les partisans de l'empereur, elle devait, dit-on, recevoir, pour prix de sa participation en cas de victoire, l'île de Hokkaidō...

Hokkaidō

A gauche : visage de femme aïnou. Ci-contre : ferme dans la campagne.

Sans nous laisser aller à imaginer les déboires que nous vaudrait sans doute aujourd'hui cette lointaine colonie, à égale et courte distance du Japon et de l'U. R. S. S., il faut admirer sans mélange la brillante mise en valeur de cette rude région par les Japonais, entreprise voici un siècle à peine.

LE JAPON SANS LE JAPON

La géographie et l'histoire font, en effet, de l'île la plus septentrionale de l'archipel et de sa métropole Sapporo, l'ultime étape à ce jour du périple nippon. Ce domaine de la neige et du froid, ces immenses étendues déconcer-

tent encore vivement le Japonais, et c'est bien un monde nouveau qu'il aborde sans avoir quitté son pays, lorsqu'il franchit le détroit de Tsugaru. Ces vastes plaines découpées au cordeau, ces cités géométriques, ces vastes forêts d'allure sibérienne, cette mer d'Okhotsk qui gèle trois mois par an,

ce ne sont pas là ses paysages, ceux où s'est épanouie sa civilisation et qui ont formé le cadre familier de tous ses souvenirs. Les grandes touffes de bambou que la brise balance autour des villages, les camélias et les théiers, les campagnes menues et morcelées qu'évoquent les anciennes peintures et chante la poésie classique, les grands sanctuaires où demeurent les divinités shintoïques et bouddhiques, les châteaux aux toits relevés, les rues étroites bordées de maisons de bois toutes semblables et où l'on se sent chez soi en tous lieux, la régulière et poétique alternance des quatre saisons, tous ces horizons amicaux qui ont modelé sa sensibilité font ici défaut.

Ce fut d'abord et longtemps le domaine des peuples du Nord, barbus et chasseurs d'ours. Une inscription des grottes de Fugopé, près de Sapporo, signifierait : « Conduisant mon armée, j'ai traversé la grande mer, j'ai combattu et pénétré dans cette caverne... » Le chef toungouse qui grava cette phrase eut, en effet, de durs combats à livrer en abordant ces rives. Les Aïnous occupaient l'île et s'y étaient fortifiés dans ces grottes. S'ils sortirent le plus souvent vainqueurs de ces luttes contre l'envahisseur venu du continent, ils durent reculer, depuis le VIIᵉ siècle environ, devant les armées japonaises et abandonner peu à peu un domaine qui s'étendait probablement jusque vers Tōkyō. Longtemps, toutefois, Hokkaidō demeura bien à eux et, bien que le shōgun Tokugawa eût confié au clan Matsumaé le soin de « pacifier » l'île, la présence des samurai ne se fit guère sentir que dans l'extrême sud de celle-ci. La silhouette classique du château qu'ils édifièrent sur ce rivage évoque seule aujourd'hui l'emprise du vieux Japon sur ces terres quasi sibériennes.

LE DERNIER FRONT PIONNIER

Elles faillirent toutefois le devenir tout à fait et c'est pour s'opposer aux menées russes que le gouvernement de Meiji entreprit la mise en valeur systématique de l'île. Cette ultime étape dans la conquête de leur domaine national, les Japonais l'effectuèrent avec de grands moyens et peu d'enthousiasme de la part des colons, que ces steppes rudes et glacées ne tentaient qu'à demi. Aussi, à l'image des Russes en Géorgie et en Sibérie, confia-t-on à des soldats-colons le soin de fixer les premiers établissements, refoulant définitivement les Aïnous dans les montagnes, drainant les marécages, ouvrant des routes rectilignes sur des dizaines de kilomètres. Des paysans, en surnombre dans les campagnes des trois autres îles, suivirent tant bien que mal le mouvement, et aujourd'hui la quasi-totalité du pays est occupée. Dans le nord-est, le front pionnier avance péniblement, en butte au gel et à la brume; chaque année, le désespoir pousse ici au suicide, ou du moins à l'abandon, plusieurs cultivateurs, tandis que les patrouilleurs russes guettent sans relâche les pêcheurs qui s'écartent trop du rivage...

Bien assise au centre de sa plaine, Sapporo — un million d'habitants — gère et symbolise la fortune de l'île. Etalant sur des kilomètres le damier parfait de ses rues, elle forme le maillon le plus septentrional de la longue chaîne des métropoles nippones. Les quelques édifices de brique qui restent d'un passé « colonial » récent sont submergés par les constructions de verre et d'acier, et un métro y est activement percé. D'ici à dix ans, les édiles prévoient un chauffage urbain qui desservira tout un chacun, faisant de cette capitale de la Sibérie japonaise la ville la plus chaude, en hiver, de tout le pays.

Ci-dessus : *un Aïnou à sa fenêtre.*
Ci-dessous : *fumerolles du petit volcan Io San.*

Tōkyō. Les employés du métro ont la tâche difficile.

La vie quotidienne

Pour le touriste ou l'homme d'affaires passant de l'avion à l'hôtel de luxe et du taxi aux bureaux climatisés des grandes sociétés, le Japon a un tout autre visage que pour le résident étranger qui, en quelques années, s'efforce d'en comprendre, disons d'en sentir, les traits multiples et changeants.

Ces deux visages, toutefois, que sont-ils au regard du Japon des Japonais? Ce « vrai Japon », perçu et vécu seulement par ceux qui y sont nés, comment l'aborder? Une fois constaté à quel point il est différent, il faut bien aussi se dire que, si nous avons tendance, en Occident, à le croire « incompréhensible », c'est avant tout parce que les Japonais le veulent tel. Nul peuple n'a gardé à ce jour aussi vif le désir de demeurer impénétrable aux yeux

Un père et ses enfants portant le masque antipollution.

étrangers; connaître ce réflexe insulaire est sans doute la première clé qui nous permettra d'entrouvrir les portes...

L'ART DE VIVRE NOMBREUX

La seconde clé est peut-être celle-ci : la vie quotidienne des habitants n'est qu'une réponse — délicate et sans cesse remise en question — au problème qui se pose à eux depuis des siècles : comment vivre harmonieusement sur un territoire aussi étroit, alors qu'on est si nombreux? Lorsque l'empereur Meiji demanda au baron Matsukata, qui venait d'être père à l'âge de quatre-vingts ans, à combien se montait l'effectif de ses rejetons, le vieux gentilhomme lui demanda respectueusement la permission de se retirer afin d'en faire le compte exact. Tout bien vérifié, ce total s'élevait à vingt-trois... Si les Japonais ont aujourd'hui repoussé le spectre du surpeuplement, s'ils ont, les premiers au monde, mis en pratique une politique raisonnable de dénatalité, tous les rites de leur vie quotidienne sont l'expression d'une société où les individus se frôlent jour et nuit et doivent, pour survivre, exercer sur eux-mêmes un empire de chaque instant.

Aussi une étiquette savante se développa-t-elle de bonne heure; élaborée à l'époque de Heian dans la noblesse de cour et sous l'influence du confucianisme, elle connut son plus haut point d'achèvement sous le régime féodal, lorsque des spécialistes se mirent à établir et à enseigner à l'aristocratie militaire des codes complets de la vie en société. Ces règles passèrent peu à peu dans la bourgeoisie, chez les notables ruraux et, finalement, chez

tous. Fondées sur un sens aigu de ce qui est dû à chacun en toutes circonstances et sur le souci de s'effacer soi-même avec modestie, elles pourraient remplir des volumes. Sitôt débarqué dans l'archipel, on se sent pris dans le réseau délicat et complexe de ces rites, et cette insertion est la première condition du bonheur à la japonaise.

LA COURTOISIE

C'est la langue tout d'abord qu'on a pliée à ces obligations. Voulez-vous dire : « Je suis allé », vous direz simplement « *mairimashita* », c'est-à-dire : « Je me suis humblement rendu... ». Parlant d'une tierce personne, absente pour le moment, vous pourrez utiliser le verbe *aller* ordinaire : « *ikimashita* », mais, vous adressant à votre interlocuteur ou lui parlant d'une personne de rang considérable ou plus âgée, il conviendra de dire « *irasshaimashita* », qui veut dire à peu près : « Il a daigné se déplacer... ». Et ainsi, pour les principaux actes de la vie quotidienne, on dispose d'un jeu de trois verbes, *être, manger, faire*, selon le rang de la personne en question. Voulant vous désigner vous-même (*je*), vous disposerez, une fois au Japon, d'un grand nombre de pronoms exprimant chacun une de vos manières d'être : humble, virile, féminine, familière, orgueilleuse même. C'est en jouant avec une virtuosité spontanée sur le clavier de ce vocabulaire précis et compliqué que chacun réalise ici, avec son interlocuteur, l'accord parfait

dans toutes les circonstances de la vie quotidienne.

Si les nuances de la langue japonaise ne se maîtrisent qu'à la longue, du moins l'usage des cadeaux vous permettra-t-il de vous mettre d'une façon plus aisée au diapason voulu. On s'en fait ici à toute occasion : aux enfants lors de diverses fêtes, aux nouveaux mariés, aux parents d'un défunt, à ceux que l'on vient de loin visiter ou à ceux qu'on a laissés lorsqu'on rentre de voyage. La nature, la valeur, l'emballage en sont fixés de stricte façon et le langage des choses atteint ici un degré de précision troublant, en particulier celui des fleurs, bien oublié chez nous. Rappelez-vous bien, par exemple, de ne jamais offrir à un malade de tulipes jaunes, car elles peuvent annoncer une fin fatale...

Vous pourrez parfois, contrairement à nos usages, donner de l'argent (soigneusement dissimulé dans une enveloppe); il sera accepté avec une simplicité oubliée chez nous.

SUR LE « TATAMI » : LE JAPONAIS CHEZ LUI

N'allez pas vous étonner, après cela, d'être bousculé avec un sans-gêne peu commun dans le métro ou, si vous appartenez au beau sexe, de voir un jeune homme ou un enfant prendre la place que vous convoitiez, ou encore, faisant la queue devant un cinéma ou un magasin, de constater la progression sournoise ou cynique de « resquilleurs »... Tout cela relève de situations

Une fois par an, on change le papier des portes et des fenêtres.

que le code traditionnel n'a pas prévues et pour lesquelles les habitudes occidentales du genre « après vous — je n'en ferai rien » commencent à peine à prendre racine. C'est dans sa maison, une fois chacun assis en kimono sur les nattes (tatami) familières, que la douceur et la tolérance renaissent. C'est dans ce cadre élu de la vie quotidienne, sur ce sol générateur de calme et d'harmonie, que le code s'applique avec rigueur et avec le sourire. Laissons encore quelque temps aux Japonais pour qu'ils deviennent aussi polis chaussés et assis sur une chaise qu'agenouillés sur les nattes de leur demeure... et ne leur tendons la main que s'ils nous la tendent d'abord. La légère inclination du buste dont ils se saluent entre eux n'est-elle pas plus harmonieuse, plus hygiénique, que ce contact trop intime de deux épidermes étrangers?

Parmi les histoires qui ornaient vers rejoindre et, à la faible lueur de leur chandelle de suif, gagnèrent leurs couches à tâtons.

Lorsque le jour se leva, chacun s'aperçut avec stupeur qu'il occupait la chambre de l'autre et que la jeune personne qui sommeillait encore à ses côtés n'était point celle qu'il avait choisie. Le problème était épineux et, la faute étant réciproque, on décida de s'en remettre à l'arbitrage du juge. Celui-ci condamna formellement chacun des deux amis à vivre le restant de ses jours avec sa compagne de la première nuit. Pour plaisante qu'elle pouvait être dans la bouche d'un conteur habile, une telle histoire n'est point invraisemblable dans un pays où la forme des maisons, légères constructions de bois aux parois de papier, ne varie guère d'une région à l'autre et où, à l'intérieur de celles-ci, chaque pièce offre exactement la même apparence que ses voisines.

essentiel dans un pays pauvre. Deuxièmement, les médecins qui les ont étudiées du point de vue de l'hygiène les déclarent satisfaisantes. Enfin, les gens qui les habitent ne partagent point nos idées européennes sur le confort. Ils ne regrettent ni nos cheminées ni nos poêles...; enfin ils ne s'inquiètent point des courants d'air, habitués qu'ils y sont depuis l'enfance. »

Il est vrai qu'au même moment l'Américain Morse, admirateur enthousiaste du Japon, louait le dépouillement de ces maisons, qu'il opposait à nos habitations « pareilles à des magasins de curiosités ». Disons seulement que, telle qu'elle est, la maison japonaise constitue le cadre précis de la famille et de la société, au point qu'on peut affirmer sans erreur que seul un Japonais peut l'habiter parfaitement. Ces pièces nues, dont la surface correspond à un nombre rond des tatami qui en forment partout le sol, aux parois dépourvues

Famille pauvre et famille aisée (à droite, sur le mur, le « kakemono », rouleau de papier changé à chaque saison).

1868 le répertoire des bonimenteurs de foire à Osaka, une des plus joyeusement accueillies était la suivante : Deux amis, s'étant mariés le même jour, quittèrent ensemble la capitale et, le soir venu, descendirent dans une auberge. Leur amitié était telle qu'ils ne purent se résoudre à se quitter pour le repas, après lequel ils prolongèrent tard leurs libations, laissant dans l'attente leurs épouses, chacune dans son appartement. Vers le milieu de la nuit, ayant atteint un état d'euphorie avancé, ils se décidèrent enfin à les

Dans son célèbre ouvrage Choses japonaises, Basil Chamberlain estime que « ... ces maisons japonaises sont presque inhabitables pour quatrevingt-dix-neuf Européens sur cent. Point de sièges. Au milieu de la chambre, rien qu'un misérable brasero pour se chauffer le bout des doigts, mais générateur incomparable d'incendies. Nulle solidité; isolement impossible; bruit assourdissant... Mais (ajoute aussitôt l'auteur avec sagesse) ces maisons ont trois choses en leur faveur. D'abord, elles sont bon marché, point

d'ornement, aux meubles rares et bas, fermées seulement de cloisons de papier coulissantes, paraissent propres à toutes les fonctions, et on y mange, on y dort, on s'y tient durant le jour, on y travaille avec une liberté de mouvement inconnue dans nos demeures. Le problème du rangement? Les Japonais l'ont réglé depuis des siècles avec élégance au moyen de vastes placards incorporés, où tout peut disparaître en un instant, notamment les volumineux édredons qui servent de couchage et qu'on déploie le soir sur les nattes.

LA VIE EN COMMUN

C'est alors, dans la pièce obscure où ils reposent côte à côte dans une promiscuité fraternelle qu'hommes, femmes, enfants d'une même famille se sentent vraiment chez eux, chacun parmi les siens. Cette habitude de dormir en commun est l'une des plus chères aux Japonais, et, comme répondait récemment à un enquêteur américain une veuve partageant depuis vingt ans la chambre de ses grands enfants : « Nous sommes une famille unie, nous n'avons aucune raison de nous séparer sous le prétexte de dormir. » Ces raisons, il est vrai, les jeunes générations commencent à les sentir, et le désir d'avoir sa propre chambre est, comme chez nous, ressenti de plus en plus vivement parmi les étudiants.

La réputation de propreté des Japonais — ils ne le sont ni plus ni moins que les Occidentaux — est assez récente, semble-t-il, et les premières enquêtes sociales effectuées sous Meiji nous montrent des paysans vivant dans un état de saleté remarquable; on se lavait, encore au lendemain de la Première Guerre mondiale, une fois par mois seulement dans certaines communautés montagnardes; par économie, il est vrai, le charbon de bois nécessaire au chauffage de l'eau coûtant cher. Si, par la suite, cette habitude se généralisa, au point de devenir un rite quasi quotidien, c'est en grande partie grâce à l'élévation du niveau de vie. Les bains communs aux deux sexes ne se rencontrent plus guère, sinon dans certains hôtels, mais il peut arriver à tout voyageur de passage dans une auberge de voir survenir, vers la fin de la soirée, la bande joyeuse des servantes qui s'ébattront sans nulle gêne à ses côtés.

Tout cela, le bain, le tatami, le couchage en commun, les repas pris autour de la table basse, a subsisté largement dans les innombrables *apāto* (appartements) de béton qui s'édifient rapidement autour des grandes villes. Si le tatami se réduit progressivement, il est encore foulé quotidiennement par 90 p. 100 des Japonais au moins et conserve, dans la chambre à coucher des habitations les plus modernes, une prééminence quasi incontestée.

PAR LES RUES

Sorti du cadre fixé par la tradition que constitue sa demeure, le Japonais se trouve plongé dans un monde bien différent, celui-là même qui, pour le voyageur, constitue « le Japon ». L'Occidental sera surpris et peut-être déçu par l'apparence peu exotique de la foule. Prenons le costume, par exemple. Les kimonos se sont faits rares depuis la guerre et il faut fréquenter les halls des grands hôtels, être convié à une cérémonie de mariage ou se trouver ici au moment du Nouvel An pour retrouver nombreux les « gracieux colibris multicolores » dont nous parlaient à l'envi les journalistes avant la guerre. Plus rare est encore le kimono masculin, réservé aux seules cérémonies familiales. Par contre, durant les chaudes soirées d'été, c'est bien souvent vêtus du *yukata*, le léger kimono de coton, que femmes et enfants se pressent dans la rue, en quête d'un peu de fraîcheur.

Plus nombreuses sont les minijupes et, depuis 1970, les maxi. Les jeunes filles japonaises se jettent avec frénésie sur toutes les nouveautés de la mode, et une puissante industrie de la couture, des contacts constants avec les grandes

Deux geishas aux bras d'un client.

maisons européennes (tous les couturiers parisiens entretiennent ici des staffs considérables) font de Tōkyō le porte-drapeau de la mode internationale en Extrême-Orient, rôle tenu avec une vivacité, un enthousiasme infatigables. Le costume traditionnel ne saurait toutefois être oublié de sitôt : tard dans la nuit, dans les quartiers les plus modernes, le pas attardé d'un passant chaussé de *geta*, socques de bois surélevés donnant un son mélancolique sur le pavé, permet de rêver à un passé que les vagues du présent ne recouvrent que bien imparfaitement.

« SHITAMACHI » ET « YAMANOTE »

Comme dans toutes les grandes villes du monde — et Tōkyō est la première —, vous trouverez ici côte à côte une prodigieuse variété de types sociaux, tout ce que peut enfanter à cet égard une société traditionnelle et modernisée à ce point. Dans l'espace, toutefois, une nette ségrégation se fait jour. Depuis les débuts de son histoire, la capitale se divise en deux groupes de quartiers qui rappellent *grosso modo* l'East End et le West End londoniens ou, si l'on veut, le XVIe arrondissement par opposition à Belleville ou Ménilmontant. Shitamachi (la « ville basse »), ce sont les quartiers populaires établis en comblant progressivement la baie depuis le

Partout, au Japon, les hommes jouent au pachinko.

XVIIe siècle; depuis Asakusa, au nord, jusqu'à Shinbashi, au sud, ils flanquent à l'est le palais impérial. Leur habitant type, qu'il soit tenancier de bain public ou restaurateur, tailleur ou marchand, est un joyeux compagnon, travailleur et grand buveur de bière et de saké. Ses plaisirs sont ceux de sa classe : le théâtre du *kabuki*, la lutte, les manifestations foraines. Le son du *shamisen* et les longues mélopées qu'il accompagne enchantent son oreille; le soir, il passe volontiers de longues heures à jouer au *go* (les « dames » japonaises); dans la rue, il connaît tout le monde et répond joyeusement aux interpellations des uns et des autres. Il ne se hâte guère d'ailleurs de rentrer chez lui, où l'attend bien souvent une épouse autoritaire devant laquelle il file doux.

Bien différent est l'habitant des collines (Yamanote). Qu'il réside près du centre ou un peu plus loin dans une proche banlieue telle que Denenchofu, il loge soit dans une vaste demeure entourée d'un jardin, soit dans une de ces « mansions », appartements de luxe, qui poussent en grand nombre depuis une dizaine d'années. Il est fonctionnaire ou dans les affaires, universitaire ou médecin, et son éducation, ses goûts le portent vers des sensations plus exotiques que son concitoyen de Shitamachi. Plus occidentalisé que lui, s'il prend toujours du plaisir à entendre sa fille jouer du *koto*, la longue cithare venue de Chine à la cour de Heian, il pratique volontiers le golf et, durant la saison chaude, envoie sa famille à Karuizawa, la station de montagne à la mode, ou dans une villa au bord de la mer. Le comble du chic est, pour lui, de demeurer à Akasaka, Azabu ou Aoyama. Ici se pressent côte à côte au long de larges boulevards les boîtes en vogue, les grands hôtels, les restaurants étrangers hantés d'une clientèle fortunée, sorte de faubourg Saint-Honoré à la japonaise.

S'il offre une soirée à ses amis ou à sa compagne, le citoyen de Tōkyō a le choix entre plusieurs quartiers spécialisés qui lui procureront, chacun, une gamme de plaisirs et de sensations bien caractérisés. Voici tout d'abord, tout au nord, Asakusa, qui se trouve à Shitamachi et conserve, plus que tout autre endroit, un peu du charme du vieil Edo, ainsi que s'appelait Tōkyō quand elle n'était que la capitale des shōgun. Le cœur du quartier est le temple de Kannon, un des sanctuaires les plus populaires de la ville. Une longue rue brillamment illuminée se déroule entre ses deux portes extérieure (la

En haut : *magasins dans le quartier de Ginza, à Tōkyō;* ci-dessus : *deux marmitons à Nara, sur leurs geta.*

« porte du Tonnerre ») et intérieure. Ici se concentrent quelques-uns des commerces les plus traditionnels de la vieille société urbaine : fabricants de peignes, de perruques, de kimonos, de ces mille colifichets qui ornaient la femme japonaise sur les estampes du siècle dernier. Tout autour, des restaurants populaires, des cinémas et un nombre considérable de strip-tease promettant au milieu des beautés locales l'apparition rare et attendue de quelque blondeur occidentale... Longeant Ueno, ses bars et son vaste parc où se trouvent les principaux musées, passant Ikebukuro, où l'immense magasin Seibu domine toute une agglomération de cafés, de bains turcs et de cinémas, on atteint Shinjuku, La Mecque des plaisirs tōkyōites.

Shinjuku et, dans une moindre mesure, Shibuya, qui lui fait suite, rassemblent autour d'une grande gare et de quelques grands magasins tout un réseau de rues, certaines fort étroites, bordées continûment de restaurants, de bars, de boîtes à gogo, de cafés à étages, de discothèques, de cinémas, de bains turcs (où les ablutions ne constituent qu'un élément du plaisir), de « pachinko », les machines à sous qui font fureur, et de mille autres enseignes alléchantes dont le néon éclatant retarde ici la tombée du jour jusqu'aux approches de minuit. Plus rapprochés du centre, Akasaka et Roppongi mêlent dancings élégants et restaurants de luxe aux boutiques de mode, et leurs rues sont hantées, parfois jusqu'aux approches de l'aube, de

La vie quotidienne

jeunes gens des deux sexes vêtus à la dernière mode, parfois même à celle de demain. Ici se voient, en plus grand nombre que partout ailleurs dans le pays, ces longues sirènes aux cheveux noirs encadrant un visage de sphinx, le buste menu et le rein souple, l'œil tendre allongé sous le fard, la bouche mi-close et prête à sourire : la jeune citadine de Tōkyō, fleur rare et mystérieuse que le Japon d'après guerre a fait éclore pour notre joie.

GINZA

Ginza résume et illustre les plaisirs de tous ces quartiers et la vie de la capitale. Cette longue avenue, courant depuis la gare de Shinbashi sur plus d'un kilomètre, est l'axe de la ville. Il existe un verbe *ginbura-suru* qui signifie « flâner sur Ginza » et, pour le voyageur fraîchement débarqué comme pour le Tōkyōite de vieille souche, c'est là un plaisir indéfiniment nouveau. Telle est l'affluence des passants que, à certains jours, la municipalité interdit totalement aux voitures cette large artère, où se pressent alors des centaines de milliers de curieux.

Flâner sur Ginza, c'est d'abord voir et être vu ; citadines élégantes, dames d'âge mûr drapées dans leur kimono de couleur discrète, hommes de toute apparence..., le court repos de midi qui ferme pour une heure environ bureaux et ateliers voisins déverse ici des flots de jeunes filles, revêtues de la blouse bleue de rigueur et dont les bandes rieuses se répandent dans les restaurants alentour. Les quatre grands

magasins qui allongent ici leurs façades de verre et d'acier ingurgitent et dégorgent sans arrêt des foules affairées. Dans les rues voisines, boutiques de mode, restaurants de type traditionnel ou occidental attirent tard dans la soirée de jeunes clientes venues seules ou au bras de leur ami, tandis que, la nuit venue, quelque hôtesse complaisante aide un client éméché à se hisser dans son taxi.

Toutes ces rues sont bordées de constructions fort hétéroclites, les immeubles modernes voisinant sans façon avec les maisons de bois de type ancien, les unes et les autres surmontées d'échafaudages métalliques assez disgracieux. C'est le soir que ceux-ci révèlent leur fonction en répandant une prodigieuse symphonie de néons multicolores et changeants. De cinq heures à dix heures du soir (les Japonais se couchent très tôt, sauf, bien sûr, le samedi), un flot ininterrompu de promeneurs parcourt dans les deux

sens les passages cloutés qui encerclent le croisement de Sukiyabashi, sous l'œil lumineux d'un décibelmètre qui ne descend au-dessous de 70 qu'aux approches de minuit.

Non loin de là se trouve l'un des plus célèbres théâtres de Tōkyō, le Kabukiza, consacré, ainsi que l'indique son nom, à cette forme traditionnelle d'art dramatique qu'est le *kabuki*. Le spectacle commence dès onze heures du matin et se poursuit sans interruption jusque tard dans la soirée. Deux à trois pièces se succèdent, suivies par une foule enthousiaste et affairée. Venant pour si longtemps, en effet, il est d'usage d'apporter son repas et, la nuit venue, lorsque se vide l'immense vaisseau, des monceaux de boîtes vides et de pelures d'orange tapissent le sol qu'une armée de balayeuses s'emploie aussitôt à libérer pour les foules du lendemain. Ces longues pièces, dont l'action se place généralement à l'époque féodale, sont connues de tous à l'égal du *Cid* ou de *Cyrano* chez nous, et les tirades, les jeux de scène sont attendus avec impatience par les amateurs. D'ailleurs, le spectacle se déroule pour partie parmi eux, puisque bien des acteurs font leur entrée par le *hamichi*, le « chemin fleuri », longue passerelle qui joint le bord de la scène au fond de la salle et traverse ainsi le parterre.

DANS LES MAGASINS

Faire des achats est une des grandes joies de la Japonaise. Aux approches du nouvel an surtout, ayant empoché le substantiel bonus que chacun reçoit ici à la fin de l'année, elle se lance à l'assaut des grands magasins. La cohue y est alors indescriptible, notamment le dimanche, les commerçants japonais, plus malins que les nôtres, ayant l'esprit de demeurer ouverts le jour où

Supermarché en sous-sol, dans le métro de Tōkyō.

précisément les gens ne travaillent pas. Dans les boutiques plus modestes, l'affluence n'est pas moins grande, et la vendeuse qui reçoit notre cliente à la sortie ne manque jamais de vérifier sur son abaque le résultat que lui indique sa machine électronique. Ses emplettes achevées, notre promeneuse ne va tarder à s'enfermer, qu'elle soit seule ou avec une amie, dans un salon de thé. Il en existe de toute apparence et de toute taille, certains même réservés exclusivement au sexe féminin. Là, tout en savourant interminablement, à petits coups de langue, d'impressionnants échafaudages de fruits et de crème glacée, elle potine, rit et soudain sursaute : « Déjà cinq heures! » et se sauve, légère malgré ses paquets.

Ailleurs, dans le quartier de Kanda, étudiants des deux sexes poursuivent de plus studieuses flâneries parmi les rayons des quelque cent dix librairies qui se succèdent le long du « boul' Mich' » de Tōkyō. Le voisinage de quatre universités, de lycées donne à ces rues un air très « Quartier latin », y compris les manifestations et les émeutes qui y laissent, plusieurs jours durant, des relents tenaces de gaz lacrymogène... Certaines de ces librairies sont spécialisées dans les ouvrages en langue occidentale et vous pourrez y trouver quelque rare édition originale de Gide ou de Malraux laissée là par quelque érudit en mal d'argent... D'autres vous proposent tout ce que l'édition japonaise met au jour dans chacune des branches du savoir et du délassement... D'autres, enfin, n'ont que de vieux livres qu'il faut savoir trier avec patience sous leur noble poussière... Gravures anciennes, reliures du siècle dernier peuvent

Institut de beauté à Tōkyō.

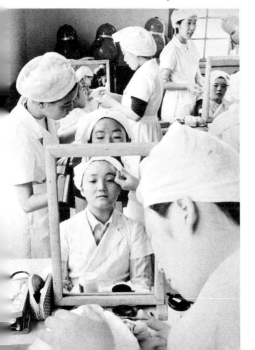

récompenser le chercheur étranger, pour qui l'écriture nationale demeure un mystère.

LES JAPONAIS À TABLE

Ce n'est pas tout de voir et d'acheter, il faut aussi se restaurer. Première constatation : les Japonais n'ont pas d'heure pour s'alimenter et les restaurants sont pleins à toute heure, le repas de midi prenant place, au gré de la fantaisie ou des obligations, entre onze heures et trois heures, celui du soir dès cinq heures et jusque fort avant dans la nuit. Simple et naturelle, la cuisine nationale vous propose toute une gamme de plats de poissons ou de légumes, mais où la viande a peu de part. Voici le marchand d'anguilles, servies grillées sur une couche de riz — c'est le *tempuraya* qui prépare sous vos yeux de délicates fritures et vous les sert toutes chaudes au bout de sa longue fourchette; voici encore le *sushiya*, marchand de poisson cru, mets raffiné dont la consommation s'impose à tout visiteur. Assis devant une sorte de bar de bois blanc, vous commandez au fur et à mesure du poisson de votre choix parmi ceux qui reposent devant vous, sur un lit de glace dans leur cage de verre; on vous le sert aussitôt, additionné d'un peu de raifort, sur une boule de riz; une rapide immersion dans la sauce de soja, une feuille de gingembre et voici fondre dans votre bouche une sensation rare pour un palais délicat...

A Kyōto, l'été venu, de légères estrades sont lancées sur le bord de la rivière Kamo; on vient y déguster, tout en prenant le frais, des *sukiyaki* ou des brochettes relevées des sauces les plus diverses. Dans les auberges, on vous sert toujours dans votre chambre, mais

Le repas traditionnel chez soi.

Jeunes ouvriers dans leur chambre d'hôtel.

bien des restaurants offrent aux gourmets un cadre inédit et recherché : à Takao, dans les environs de Kyōto, on vient admirer les érables rougis par l'automne en déjeunant assis sur de longues tables basses revêtues d'étoffe rouge, disposées au bord du torrent. Ailleurs, encore, c'est dans l'âtre d'une vieille construction rurale qu'on fera griller sous vos yeux champignons et tubercules savoureux ramassés dans la montagne toute proche...

Que ce soit au restaurant ou chez votre hôte, toutefois, le repas se déroule selon une étiquette stricte, à laquelle il faudra·bien vous habituer. Non que l'ordre des plats soit, comme chez nous, fixé par l'usage : on vous apporte tout à la fois : soupe, bol de riz, légumes confits au vinaigre — le condiment habituel —, poisson frit ou bouilli, *tofu*, pâte de soja blanche, molle et dénuée de goût, dont chacun est friand, brochettes et bien d'autres préparations sucrées, salées ou les deux à la fois, qu'il vous faudra saisir délicatement de la pointe de vos baguettes. En hiver, le saké, qui est une bière de riz, sera bu chaud en petites coupes vidées d'un seul coup; durant la saison chaude, l'excellente bière japonaise accompagne parfaitement ces mets.

Tous cependant vous seront, sur un simple coup de téléphone, apportés à domicile, à moins que vous ne préfériez les consommer dans la rue, attablé devant une des nombreuses cuisines roulantes qui demeurent ouvertes tard dans la nuit sur le trottoir ou dans les jardins publics.

EN VOYAGE

Le Japonais adore voyager. Aux vieilles routes bordées de pins où circulaient moines, marchands, pèlerins et bateleurs, que nous montrent les estampes de Hiroshige ou de Hokusai, a succédé un réseau très complet de voies ferrées et de routes modernes, tandis que les nombreuses et pittoresques auberges du temps jadis ont

Une rue de Sendai, au nord de Tōkyō.

On téléphone, sans jeton, avec une pièce de 10 yen, en pleine rue.

fait place parmi elles aux plus remarquables créations de la technique hôtelière. Tout est prétexte à déplacement et il est prudent de retenir bien à l'avance sa place en chemin de fer et sa chambre dans l'auberge de votre choix.

Voyager sera pour vous partir à la découverte des sites fameux et des villes d'art; ce sera aussi, nous vous le souhaitons, découvrir le peuple des campagnes. Presque partout, les villages japonais ont gardé leur aspect de jadis et celui-ci varie selon les régions. Dans le nord de Honshū, l'île principale, l'élevage des chevaux remonte à l'époque féodale et chaque maison rurale s'allonge en équerre d'une vaste écurie, coiffée comme elle d'une ample couverture de chaume. Vers la mer du Japon ou dans l'intérieur, ces demeures atteignent des dimensions parfois considérables, jusqu'à six ou huit pièces de huit, dix tatami chacune (un tatami couvre un peu moins de 2 m^2), ce qui n'empêche nullement les habitants de s'y serrer dans une ou deux seulement pour y passer la nuit. Dans l'ouest, au contraire, où les typhons menacent régulièrement les constructions, de petites maisons se tassent les unes contre les autres, et les tuiles de leur toiture sont solidement liées au plâtre, de peur que le vent ne les emporte.

Contrairement aux campagnes de bien d'autres pays, la vie n'est guère plus lente ici qu'à la ville. La plupart des ruraux, en effet, ajoutent à leur occupation agricole un emploi dans l'industrie; dans la région du Pacifique tout au moins, les usines, les villes nouvelles envahissent très rapidement la rizière, et le paysan repique son riz entre deux ateliers, tandis que l'ouvrier gagne son tour ou sa chaîne de montage à travers champs. Sur la mer du Japon, au contraire, de vastes plaines vouées uniquement à la

céréale nourricière s'étendent depuis le pied des montagnes jusqu'au rivage, immensité verte au printemps, jaune en été, brune en automne, après la moisson, et que la neige recouvre de novembre à mars d'une draperie immaculée.

Qu'il vive dans des villages (dans la plupart des cas) ou isolé — habitation au milieu de ses champs —, le paysan japonais se sent intimement rattaché à la collectivité du *buraku* (l'équivalent

de la commune) auquel il appartient. Toute une série de liens l'unissent à ses voisins, embrassant presque tous les actes de sa vie publique et familiale. Certains remontent à l'époque féodale, lorsque se fonda la communauté, sous l'égide de deux ou trois familles, devenues les plus riches et les plus influentes aujourd'hui et dont l'avis continue de prévaloir au conseil du hameau. Les autres sont nés des relations de propriétaire à tenancier,

Pour beaucoup de Japonais, les bains sont toujours communs aux deux sexes.

Match de sumō à la télévision.

qu'est venue renforcer l'adoption, couramment pratiquée dans toutes les classes de la société. Les nouveaux venus que la modernisation du pays a fixés dans ces campagnes : l'instituteur, le médecin, le marchand, ont eu du mal à faire leur place au sein de ce groupe étroit d'hommes et de femmes dont chacun connaît par cœur la vie et les problèmes de tous les autres. L'un d'entre eux marie-t-il sa fille, doit-il procéder aux funérailles d'un de ses proches, aussitôt les voisins s'empressent avec un automatisme créé par l'usage et entretenu par des obligations souvent séculaires; visites, cadeaux, repas, services grands et petits s'échangent ainsi tout au long de la vie entre les femmes, tandis que les hommes doivent, eux, s'unir pour tout ce qui concerne la survie du groupe : réfection des chemins et des digues, prévention et extinction des incendies, entretien du temple, renouvellement périodique du chaume des toitures...

PAUVRETÉ DU PAYSAN ET DU PÊCHEUR

Bien que la mécanisation ait fait de cette agriculture la plus moderne qui soit en Extrême-Orient, bien qu'elle se soit lancée avec ardeur dans les spéculations les plus modernes : culture en serres ou élevage d'embouche, bien que 96 p. 100 des ruraux japonais aient la télévision chez eux et 75 p. 100 un réfrigérateur, les montagnes les plus reculées, certaines provinces du Nord ou de l'Ouest ont préservé jusqu'à ce jour de très anciens genres de vie. Le plus archaïque d'entre eux est sans doute celui que pratiquent les *matagi*, ou trappeurs, passant l'hiver, enfouis dans des huttes de

neige, à traquer le sanglier ou le cerf et, à Hokkaidō, l'ours. D'autres pratiquent encore une agriculture itinérante en brûlant la forêt devant eux ou se transportent, l'été venu, dans la montagne, pour mettre en valeur quelque pièce de terre taillée aux dépens de la *hara*, cette stérile « prairie » de bambous qui alterne avec la forêt.

S'il lutte partout avec énergie pour se maintenir dans les limites d'un niveau de vie décent, c'est que le paysan japonais se sent fort à l'étroit sur sa terre. Exploitant, en général, moins d'un hectare, il voit ses enfant le quitter dès qu'ils sont en âge de travailler

Paysanne dans un village de l'île de Shikoku.

de leur tête ou de leurs bras pour envahir les rivages du Pacifique, où grossit démesurément la Mégalopolis. Chaque soir, à la veillée, la télévision lui montre les mirages de la ville, à laquelle il se rend lui-même pour ses affaires et dont ses enfants les plus jeunes hantent le dimanche les cafés et les cinémas. Son sort demeure ainsi fragile, bien que le gouvernement dépense chaque année des sommes fabuleuses pour le soutenir en lui achetant son riz à un prix convenable.

Un père et son fils.

Pourtant, il n'est pas aussi pauvre que le pêcheur. La mer n'est jamais très loin au Japon et la longueur de ses côtes équivaut au tour de la Terre au parallèle de Tōkyō. Comme dans les hameaux de l'intérieur, les hommes qui s'y pressent se soudent en communautés, vouées ici aux activités les plus diverses. Les Japonais tirent en effet de la mer mille fois plus de richesses que nous, sans parler de la pêche elle-même : crustacés, algues, coquillages consommés crus ou cuits. En différentes régions, ce sont des plongeuses qui vont les chercher : l'île de Hekura, en mer du Japon au large de Kanazawa, reçoit ainsi, de mai à octobre, toute une population temporaire, comprenant, outre ces jeunes femmes, un instituteur pour leurs enfants, un moine et un médecin, venus se fixer pour quelques mois sur ce roc pelé. L'hiver venu, chacun regagne le rivage et les oiseaux de mer reprennent possession de leur âpre domaine que des bourrasques de neige battent alors avec furie.

En haut, à gauche : *étudiante à Hiroshima;* à droite : *jeune écolière.*
Ci-dessus : *jeunes ouvriers s'entraînant au « softball ».*

LES ÂGES DE LA VIE

Depuis la fin de la guerre, les Japonais ont beaucoup changé : ils vivent plus vieux, leur taille s'est accrue et leur corps a pris des proportions plus harmonieuses, du moins à des yeux occidentaux. Sans doute parce que leur nourriture a elle-même évolué; au moins dans les villes, le régime de ces traditionnels mangeurs de riz et de poisson tend à se rapprocher du nôtre : sur la table matinale, le pain et le lait ont remplacé le riz et la soupe de soja; la viande et les légumes verts, tout en demeurant fort chers, sont de plus en plus appréciés, et le sucre est absorbé en grandes quantités sous les multiples et alléchantes formes de la confiserie moderne.

Cependant, les grandes étapes de la vie n'ont guère changé, non plus que les usages qui en marquent le passage. Nés à peu près libres, le garçon et la fille se voient très tôt pris dans le réseau serré des obligations multiples de la vie en commun, fondées essentiellement sur la hiérarchie, que définissent l'âge et le statut professionnel ou social. Dès lors, jusqu'à sa mort, tout en conservant une étonnante liberté de comportement, il verra sa conduite familiale ou publique comme téléguidée par quelques principes simples dont l'observance est la condition de survie pour lui et peut-être pour toute la collectivité japonaise en tant que peuple. Mais il faut d'abord naître et grandir.

LE PAYS DES ENFANTS

Ils sont partout : solidement ficelés sur le dos de leur mère dans la rue ou le métro, plus tard peuplant les innombrables jardins d'enfants, plus tard encore en bandes immenses d'écoliers et d'écolières que le voyageur rencontre inévitablement lorsqu'il parcourt les grands sites touristiques du pays Source de joies infinies pour les adultes, ils ne lassent jamais leur patience et, jusqu'à l'âge de sept ou huit ans sont véritablement les rois où qu'ils soient. Peu des anciens rites de naissance ont subsisté jusqu'à ce jour, si ce n'est la traditionnelle présentation au temple et, à l'âge de trois, cinq et sept ans, la fête qui les conduit jusqu'au sanctuaire voisin accompagnés de leurs parents, les filles revêtues de chatoyants kimonos.

Les enfants japonais vivent dans un monde merveilleux où chacun s'applique à les maintenir; bercés de contes poétiques dès leur âge le plus tendre, endormis au son de mélodies touchantes, ils ont à leur disposition toute une gamme de jouets mûris par une longue tradition : cerfs-volants, toupies, poupées de bois, auxquels s'ajoutent, de nos jours, tous les gadgets de la technologie moderne du jouet (pour laquelle leur pays n'a pas de rival au monde). Très tôt, cependant, le petit garçon et la petite fille doivent se plier aux règles de la société où le hasard les a fait naître, règles qui pèseront de plus en plus fortement sur eux au fur et à mesure qu'ils grandiront. La petite fille surtout aide sa mère de bonne heure et, devenue lycéenne, ne devra jamais oublier que le but de toute son éducation est de faire une bonne épouse. Aussi apprendra-t-elle la cuisine, dans une école spécialisée, ainsi qu'un ou deux arts d'agrément traditionnels : l'arrangement des fleurs ou la cérémonie du thé, école de grâce et de maintien.

Jadis, à l'âge de quinze ans, le garçon et la fille de la campagne entraient automatiquement dans une des deux associations (selon le sexe) de jeunes

Fête des enfants à Tōkyō.

la condition, mais la conséquence. Les dortoirs furent fermés.

Il n'est pas rare de rencontrer dans la campagne de brillants cortèges conduisant une jeune épousée au temple ou chez son futur mari. Si, le plus souvent, elle est de nos jours effectivement éprise de son partenaire, du moins a-t-elle souvent fait sa connaissance grâce à la présentation *(miai)* que, à la demande des parents, un intermédiaire a arrangé. Le rôle de ce dernier demeure considérable, même dans les grandes villes, où bien des mariages se font, comme en Occident, entre amoureux rencontrés sans « présentation ». De longues négociations sont, en effet, parfois nécessaires pour faire accepter aux deux familles le principe de l'union lui-même lorsque la fortune ou le niveau social paraissent par trop distants; il reste ensuite à régler une foule de détails, dont l'organisation de la cérémonie elle-même n'est pas le moins important.

L'HOMME, LA FEMME ET L'AMOUR

Comme en tout pays, mais avec une frénésie encore plus grande, semble-t-il, que dans la plupart d'entre eux, le goût des histoires osées, des reproductions non équivoques de la nudité a envahi le Japon depuis la

gens de leur village et y demeuraient jusqu'au mariage. Les fonctions de ces groupes étaient fort diverses : police locale, aide lors des sinistres, préparation des fêtes... Ils étaient surtout, semble-t-il, l'école du mariage. Les jeunes gens pouvaient, en effet, visiter librement les jeunes filles dans leurs dortoirs et ce n'est qu'après avoir longtemps « vécu » avec l'une d'entre elles que l'on pouvait solliciter sa main. Les

essais n'étaient guère nombreux avant de trouver l'élue, le contrôle de la collectivité se faisant lourdement sentir. Au début de Meiji, les autorités, ignorant les restrictions qu'apportait la coutume au système des dortoirs et y voyant le chemin du libertinage, enseignèrent que le mariage japonais « traditionnel » était décidé par les parents (c'était la règle dans la classe militaire), l'amour devant en être non plus

Il y a plus de femmes que d'hommes pour réparer la route.

Pêcheuses de perles à Toba.

Un vieux ménage à Kyōto.

guerre. Dans chaque quartier existent des cinémas dont l'assistance est exclusivement masculine; on y voit successivement deux ou trois films érotiques montrant aussi bien la collégienne violée par un vilain garçon que la jeune employée de bureau qui arrondit son salaire d'une façon apparemment fort agréable. Si la morale est toujours sauve *in fine* (le souteneur périt sous les coups d'un rival ou d'un fiancé, le chef de bureau suborneur est renvoyé), le mâle japonais moyen peut cependant, à peu de frais, se libérer ainsi des désirs qui pourraient le troubler.

S'il lui en reste encore il est vrai, car, qu'il vive à Tōkyō ou en province, il y a fort peu de chances qu'il se sente frustré de ce côté. Si la prostitution, en effet, n'existe plus depuis une quinzaine d'années, la femme japonaise n'a jamais été bien farouche, pour peu que son cœur soit ému. Ainsi que le remarquait le juriste Bousquet, venu au Japon comme conseiller juridique à l'époque de Meiji, « les histoires d'amour commencent ici par où elles finissent généralement chez nous », et cela est toujours vrai. La jeune fille, la jeune femme n'hésitent que peu à donner leur cœur, et le reste, à l'homme qui leur plaît, et l'ardeur de leur affection se manifeste avec une spontanéité qui exprime la sincérité de leur sentiment. Ce n'est point que celui-ci

doive durer toujours. *Kokoro ga kawaru* (« le cœur change ») est une expression qui revient souvent dans les soupirs amoureux, comme pour préparer le partenaire aimé à une douloureuse mais inévitable séparation. Il est vrai que les circonstances y poussent ici plus qu'en d'autres contrées et que les rigides obligations auxquelles la société japonaise soumet encore chacun brisent bien des plus tendres liens. Le mariage, qui demeure le rêve de toute jeune fille, n'est pas lui-même exempt de ce danger, et le nombre des divorces, très élevé et en constante augmentation, le montre bien. Faut-il un responsable? Une tradition tenace en Occident fait de la femme japonaise l'esclave soumise de son époux et oppose volontiers sa fidélité à toute épreuve aux mœurs volages de son compagnon. Voire. Dans les couples urbains d'aujourd'hui, la femme commande largement, et un ancien proverbe caractérise la province du Kanto (où se trouve la capitale) par son grand vent d'hiver et ses femmes autoritaires. Nous avons vu bien des maris de Shitamachi ne rentrer que tard chez eux et, cause ou conséquence, c'est sur ses enfants que l'épouse reporte, en général, l'essentiel de son affection. Parfois, il est vrai, elle les quitte, et ces départs, de plus en plus fréquents, ont fait l'objet de maints reportages dans les journaux. Si elle ne déserte pas son foyer, du moins arrive-t-il qu'elle laisse son cœur s'ouvrir de nouveau, en secret cette fois, et la tradition abonde en histoires de maris bernés, aussi plaisantes que celles de notre Moyen Âge. En voici une, du XVIIe siècle.

L'épouse d'un astronome fameux avait pour amant un moine nommé Asahi (« Soleil Levant ») qu'elle recevait en cachette, tandis que son époux observait les étoiles. Un matin, le savant rentra plus tôt que de coutume et le moine, se voyant interdire l'entrée principale, s'enfuit par la porte de la cuisine, qui s'ouvrait à l'ouest. Le mari l'aperçut toutefois et se mit à improviser le poème suivant :

> Mais n'aperçois-je pas
> Le soleil levant
> Apparaissant à l'ouest?

Ce à quoi l'amant surpris répondit avec non moins d'esprit :

> Vraiment je me demande
> Comment notre grand astronome
> Expliquera ce phénomène!

Tous deux éclatèrent de rire aussitôt et le moine devint l'ami de celui qu'il avait jusque-là trompé.

LIBERTÉ DE LA CITADINE

Cette liberté sexuelle de la femme japonaise est, à vrai dire, un élément de la tradition populaire et nous avons vu comment dans les villages fonctionnait jusqu'au siècle dernier le système des dortoirs. Avant la dernière guerre encore, dans certains cantons de Kyūshū, les parents compréhensifs laissaient dormir leur fille à marier dans une chambre écartée, afin qu'elle puisse recevoir les visites de son prétendu. L'époque de Meiji amena une vague de puritanisme qui appliqua à l'ensemble de la population la stricte moralité sexuelle de l'aristocratie, sans doute surtout afin de ne pas perdre la face aux yeux des Occidentaux qui se mettaient à fréquenter le pays. Ce désir, assez vain, se montre encore aujourd'hui dans les règlements de fermeture des bars qui paraissent lors des grands événements internationaux, tels que les jeux Olympiques de 1964 ou l'Exposition universelle d'Ōsaka. De cette austérité officielle, cependant, le tempérament national a aisément raison, et rien moins que la chasteté ne caractérise aujourd'hui la société nippone.

D'autant plus remarquable est le succès de la politique démographique poursuivie depuis vingt ans par l'Etat et qui n'a pu s'affirmer qu'en raison du haut niveau d'éducation de l'ensemble de la population. Alors qu'en Chine on s'efforce d'atteindre un tel but en freinant les rapports sexuels dans le mariage, ceux-ci étant évidemment exclus hors de celui-ci, c'est, ici, grâce à une éducation sexuelle poussée et à une vente de produits anticonceptionnels de toutes sortes que la question a pu être réglée. Un avortement médicalement contrôlé ne coûte guère que 10 000 yen (160 F environ) et une législation libérale permet à toute femme, quels que soient son âge et sa condition, d'en bénéficier si l'enfant qu'elle conçoit n'est pas expressément désiré.

Ce n'est pas seulement par sa vie amoureuse que la femme japonaise affirme son désir d'égalité avec l'homme, mais encore par sa participation de plus en plus nette à la vie publique. Pour une dizaine seulement de femmes députés au Parlement, il existe une foule de femmes d'affaires, surtout dans le milieu de la mode; critiques littéraires ou artistiques, vedettes de la télévision, suffragettes de toutes sortes affirment leur place dans la société moderne, et le grand nombre d'étudiantes casquées qui ont participé aux revendications des trois dernières années montre que ce rôle commence tôt. Il semble que, de moins en moins, le mariage soumette la femme à son mari ni même à une vie domestique réglée. Ici, peut-être encore, le tempérament japonais va-t-il trop loin? Quoi qu'il en soit, la femme japonaise, cette merveille de douceur et de grâce, de candeur et de tendresse, ce produit suprême d'une civilisation suprêmement raffinée, réserve sans doute encore bien des surprises à ses compagnons...

LA FIN DE LA VIE

Une fois sa bru au courant des affaires domestiques, la femme japonaise prend sa retraite et se retire avec son mari dans une pièce écartée de sa maison pour y savourer jusqu'à sa mort la période la plus douce de son existence. Ses enfants et ses petits-enfants sont à ses pieds et elle est devenue l'ancêtre respectée dont l'autorité morale continue de régner sur toute la maisonnée. Parfois, cependant, elle doit travailler durement jusqu'aux approches de la mort et on peut la voir trottinant par les rues, portant de lourdes charges, ou coupant le gazon dans les jardins publics. Bien souvent, elle est veuve quand elle commence cette ultime étape de sa vie.
Les funérailles constituent, plus que le mariage, le rite le plus important de la vie familiale, le seul à l'occasion duquel se réunissent encore les parents les plus éloignés, ceux qui résident à l'autre extrémité du pays. C'est aussi le moment où jouent au maximum les liens multiples qui joignent la famille du défunt à toutes celles dont se compose la communauté rurale ou du quartier. L'habitude d'incinérer les morts ne se répandit dans toutes les classes de la population que sous Meiji, tout en s'accompagnant paradoxalement d'une prolifération des tombes individuelles. Jusqu'à la restauration impériale de 1868, en effet, les gens du commun n'en utilisaient pas et ce furent les guerres contre la Chine, puis contre la Russie qui en répandirent l'usage, dû à la nécessité d'honorer les restes des soldats défunts. Les cimetières moussus qui interrompent en maints endroits la rizière et les mailles du tissu urbain ne sont ainsi nullement les témoins d'anciens et vénérables usages, et n'ont guère plus d'un siècle. Comme le dit le grand ethnologue Yanagida : « Si tous les habitants avaient établi des tombes individuelles depuis les époques anciennes, il y a longtemps que tout le pays en serait couvert. Aussi les gens du peuple enterraient-ils jadis (jusqu'au XIXe s.) leurs morts dans des endroits qu'ils oubliaient ensuite, n'en vénérant que l'esprit. Dans un pays pauvre en terre arable, c'était là le moyen le plus pratique. »

UNE ÉVOLUTION FIDÈLE À ELLE-MÊME

Pas plus que les autres peuples, les Japonais n'ont changé leur âme en changeant de costume ou de moyens de transport. Pourtant celle-ci évolue. A l'heure où la journée s'achève, la jeune citadine flâne parmi les boutiques élégantes de Ginza ou, revêtant sa minijupe, ou sa maxi, se rend dans quelque temple du jazz ou du gogo, sa sœur paysanne regagne sa demeure au milieu des rizières et, assise auprès de l'âtre, aide sa mère à préparer le repas du soir. Toutes deux, cependant, lisent les mêmes journaux, suivent à la télévision les mêmes émissions, achètent chez l'épicier les mêmes produits et, après avoir pris le bain vespéral et revêtu le léger yukata, s'assoient de la même façon sur le tatami. Des générations de voyageurs se sont extasiées, et vous serez tenté d'en faire autant, au spectacle du Japonais, ouvrier, étudiant, employé, travaillant durant le jour dans des locaux climatisés et chaussé à l'occidentale, s'asseyant sur des chaises, portant notre costume avec aisance et, franchi le seuil de sa demeure, revêtant son kimono, puis, assis sur les talons à la mode de chez lui, savourant sans mélange son bol de riz et ses choux au vinaigre. Cette double apparence de la vie quotidienne ne correspond nullement à un dédoublement de personnalité, mais plutôt à une juste part faite aux exigences de notre temps — le travail en usine ou au bureau, les moyens de transport rapides, le jazz et la peinture psychédélique — et à celles qui, de tout temps, furent le fait de la société japonaise. En perpétuant les gestes de ses ancêtres, le citoyen ordinaire accomplit, outre des occupations qui lui sont souverainement agréables, un rite nécessaire à la survie du groupe; en agissant ainsi, il reconnaît implicitement les valeurs traditionnelles : soumission à la hiérarchie, effacement de soi, appréciation du beau sous les formes définies ·par sa culture (mais non exclusives, toutefois), valeurs dont la conservation peut, seule encore, maintenir les 100 millions de Japonais dans la relation d'équilibre et d'harmonie qui conditionne leur gigantesque effort économique et leur vie même.
Si le Japonais a pu faire d'un pays où, voici à peine cent ans, les paysans laissaient mourir de faim les nouveau-nés de peur de ne pouvoir nourrir l'aîné la troisième puissance du monde, c'est en adoptant nos méthodes et nos techniques et, partiellement, notre mode de vie.
Mais c'est aussi en les intégrant dans un passé dont il a su faire, dont il fait chaque jour son présent, par tous les gestes, fût-ce en apparence le plus désuet, de sa vie quotidienne.

Ci-dessous : jeune paysanne, près de Chiba; à droite : mannequin à Tōkyō.

Les traditions

Jour de l'an. Si les horoscopes des temples sont néfastes,
on les accroche à une branche d'arbre pour conjurer le mauvais sort.

Il existe un paradoxe dans la civilisation japonaise : aucun pays n'est plus avide de nouveautés, aucun pays n'est plus fidèle à ses traditions.

Ce véritable musée des coutumes d'Extrême-Orient, où survivent tant de choses qui, ailleurs (en Chine, par exemple), ont disparu depuis des siècles, est en même temps le lieu où la science et la technique ne cessent de produire leurs inventions et de changer la vie. Il n'est pas de pays plus massivement engagé dans l'aventure technologique — qu'on en juge par les taux de pollution! L'aspect même d'une ville comme Tōkyō est devenu, en dix ans, méconnaissable. Les gratte-ciel poussent, les voies étroites sont élargies, et comme les rues ne suffisaient pas, on leur a superposé un réseau d'autoroutes, si bien qu'à 20 ou 30 mètres de hauteur on voit se croiser ces rubans de béton, ces ponts interminables qui filent vers l'horizon.

Notons bien cette superposition : elle est un trait fondamental de la vie japonaise. Le nouveau s'ajoute à l'ancien sans l'effacer. Et nous trouvons ici la clef du paradoxe. Combien de peuples sont capables de construire sans céder d'abord au désir de détruire? Les Japonais ont mené à bien les mutations les plus radicales sans jamais faire table rase du passé. Lorsqu'ils adoptent le bouddhisme au VIᵉ siècle, ils ne renient pas pour autant le shintô; lorsqu'ils s'occidentalisent au XIXᵉ, ils conservent leurs usages précédents. A côté de l'avenir qui s'annonce, le passé peut survivre : ce qui a cessé de servir se perpétue dans la piété.

Car le Japon est pluraliste : des milliers de dieux, mais aucun Dieu. Chaque puissance, délimitée par les autres, s'exerce dans la mesure de sa force, dans l'aire de sa spécialité. Tel est l'archipel : toutes ces îles placées les unes auprès des autres, toutes ces vallées où les rites se conservent pendant que se répand la télévision. La tradition japonaise n'est pas close et systématique comme celles qui, fondées, par exemple, sur une Ecriture, prétendent unifier tous les aspects de la vie. C'est une tradition plurielle où coexistent mille traditions particulières venues de divers horizons, de diverses époques, peu à peu fixées et superposées en strates successives. Le Christmas importé d'Amérique, vécu dans les grandes villes comme un festival de la consommation, sans traces d'Enfant Jésus, mais avec profusion de sapins étoilés, de Pères Noël barbus et d'anges en chemise blanche, se trouve juxtaposé aux rites immémoriaux qui ouvrent l'année nouvelle.

LES TRADITIONS PRIMITIVES

Beaucoup de traditions japonaises remontent plus haut que la mémoire humaine, au-delà de toute origine historique datée. Ces mythes, ces rites dont le shintō assure la transmission, d'où viennent-ils? — Des dieux. Quand sont-ils apparus? — Au commencement des temps. Toutes ces traditions varient d'un point à l'autre du pays et il arrive que telle ou telle pratique autrefois largement répandue ne se maintienne plus que dans deux ou trois hameaux isolés. Pourtant chaque village, chaque quartier continue d'assurer au moins un festival annuel (matsuri) en l'honneur du dieu local, ancêtre mythique des familles autochtones et protecteur des récoltes. Certains matsuri célèbres attirent les foules, mais la plupart se bornent à peu de frais : un sanctuaire portatif, le mikoshi, est promené, balloté pendant une heure ou deux sur les épaules d'une grappe de jeunes gens, on partage quelques bouteilles de saké avec le dieu, on martèle un énorme tambour — et cela suffit à créer une atmosphère de gaieté. Car cette religion préhistorique et anonyme est une religion de la vie, elle célèbre la joie qu'apportent les fruits de la terre. Religion d'agriculteurs — mais qui n'a pas disparu des anciennes rizières occupées par les villes. Au pied d'un building de quinze étages, il arrive qu'on trouve un minuscule sanctuaire dédié au dieu de l'endroit, qui faisait naguère pousser le riz, mais sans l'assentiment duquel les constructions modernes ne pourraient sans doute pas tenir longtemps. Dans l'aéroport de Tōkyō, un petit édifice est consacré au génie du lieu, pour qu'il veuille bien protéger les arrivées et les envols.

Prêtres shintoïstes au temple Ebisu, à Kyōto.

Et lorsqu'on bâtit, on n'oublie pas d'appeler le prêtre shintō qui apaise le dieu avant que le premier coup de marteau-piqueur entame son territoire. Il est d'usage, aussi, qu'on rende visite aux dieux le premier jour de l'année — et dans la nuit du 31 décembre, à Tōkyō, le temple élevé à l'empereur Meiji est le lieu d'un rassemblement gigantesque. Les trains qui conduisent vers le sanctuaire impérial d'Ise sont bondés de pèlerins qui veulent voir se lever la première aube sur le bois sacré. C'est au sanctuaire local qu'on présente le nouveau-né, cent jours après sa naissance. C'est là aussi qu'on se marie, à moins qu'on ne trouve plus pratique d'utiliser les services d'un établissement à mariages, comme il y en a beaucoup dans les villes, où l'on trouve réunis le coiffeur, le maquilleur, le photographe et, à côté de la salle de réception, une petite pièce où le prêtre shintō procédera aux rites habituels.

LES KAMI

Toutes ces coutumes parsèment discrètement la vie urbaine — mais c'est surtout dans les villages qu'elles restent vivaces. Les paysans japonais ne cessent jamais d'être animistes (mais quel homme ne l'est tant soit peu?); ils vivent entourés de puissances naturelles qui peuvent les aider ou les punir : les kami. Il y a le kami de la montagne, le kami de la rizière, celui du vent et celui de la pluie, celui du soleil, celui du feu. Les ancêtres aussi deviennent, après leur mort, des kami

qu'il faut honorer. Les chefs de clan d'autrefois (ujino kami) pouvaient aussi être appelés divins, puisqu'ils exerçaient, comme le typhon ou la marée, une certaine fonction souveraine. Ce terme de kami est traduit d'habitude par « dieu », mais « maître » conviendrait aussi bien. Une telle divinité, en tout cas, n'implique jamais la toute-puissance; elle n'est que l'emploi d'une souveraineté déterminée, qu'il s'agisse de régner, comme le dieu du Riz, sur la récolte, ou, comme l'empereur, sur la nation. On imagine le malentendu qui amena MacArthur à réclamer de l'empereur, en 1946, l'aveu public qu'il n'était pas un dieu! Mais les Japonais ajoutent-ils encore vraiment foi à ces croyances dans le dieu du Vent ou de la Montagne? La question de la foi, essentielle dans les religions occidentales et même dans le bouddhisme médiéval, n'a pas de sens ici : on est à un stade de croyance antérieur. Il suffit à cette religion qu'on participe aux activités qu'elle organise, qu'on répète les traditions qu'elle perpétue : les rites se poursuivent sans dogme et personne n'est appelé à prononcer un acte de foi.

DÉMONS ET MERVEILLES

Les sanctuaires shintoïques sont dépourvus d'images sacrées, les innombrables dieux sans visage ne se font connaître que dans la puissance qu'ils manifestent. Mais il leur arrive d'utiliser des médiateurs : le cheval, ou bien le loup, messager du dieu de la Montagne; le dieu de la Moisson, Inari, se

Un prêtre shintō éloigne les mauvais esprits d'une pompe à essence.

sert du renard (kitsune) pour épier les paysans — le renard peut donc accorder la fortune si l'on entre dans ses bonnes grâces, et ses sanctuaires sont nombreux : celui de Fushimi, dans la banlieue sud de Kyōto, est immense, il attire les pèlerins et regorge d'ex-voto. Kitsune peut aussi jouer bien des tours : il se métamorphose en homme, en enfant et surtout en femme, pour égarer les passants. Il peut entrer dans l'esprit, il peut rendre insensé : on doit alors appeler un exorciseur qui fera brûler des aiguilles de pin pour enfumer les possédés. Le blaireau (tanuki) se plaît aussi à taquiner les paysans, mais sans aucune malice, et ses métamorphoses fournissent matière à des historiettes locales toujours comiques. On le voit ainsi, dans un conte folklorique que connaissent tous les petits Japonais, se transformer en une bouilloire capable de danser sur une corde raide !

A côté des dieux invisibles, l'imagination populaire forge donc d'autres créatures dont l'apparence est souvent pittoresque, comme les oni, démons hirsutes, proches des ogres de nos légendes européennes, ou les tengu ailés, griffus, qui habitent la montagne, pourvus d'une face rouge et d'un immense nez. Quand un baigneur se noie, c'est qu'il a été entraîné par les kappa, qui vivent dans les rivières et les étangs : leur peau est bleue, écailleuse, leur visage pointu, leur chevelure épaisse et le sommet de leur crâne est concave : la peur des kappa est plus efficace que tous les conseils d'une prudence rationnelle. Dans les longs hivers de la province d'Akita, c'est de la froidure qu'il faut se méfier : ces dangers sont résumés en Yuki musume, la Fille des neiges, qui

pleure dans les vallées et hante les chemins. Il existe aussi des êtres célestes, les tennyō, qui volent grâce à leur robe de plumes : ils la posent parfois pour se baigner sur un rivage désert, et dans certains contes un jeune audacieux s'en empare. Cette donnée folklorique se trouve reprise dans un nō de grande beauté, Hagoromo — tant le Japon se plaît à unir aux traditions anonymes les œuvres d'art les plus élaborées.

LES RITES AGRAIRES

Mais quelles que soient les variations brodées autour des plaisirs et des dangers du monde, les mêmes forces sont toujours présentes, l'année revient en cercle avec les mêmes saisons. Lorsque commence le cycle des travaux et des jours, chaque famille fait hommage au dieu de l'An nouveau, toshi no kami. Les villageois, mais aussi la plupart des citadins, placent dans leur toko-noma trois gâteaux de riz superposés (kagami mochi). La signification religieuse de l'offrande n'est pas toujours perçue de nos jours et la tradition est simplement vécue comme une décoration du foyer qui, de surcroît, porte bonheur. L'aspect esthétique de la coutume a été soigneusement élaboré et rien n'est plus charmant que ces arrangements abstraits, formés de lourds gâteaux arrondis auxquels s'articulent des papiers découpés, des feuillages, des mandarines, des algues. On attache aussi, dans les champs, des gâteaux de riz aux branches des arbres pour inciter par mimétisme le dieu de la Moisson à porter de lourds épis. Parfois, tout le village se rassemble dans des fêtes communes, on

régale les dieux des Champs par des danses (ta matsuri) qui préfigurent les travaux à venir. Dans certaines localités, les danseurs rustiques tiennent en main un phallus de bois, car les rites de fertilité continuent d'être soutenus par une symbolique sexuelle explicite. Dans le village de Kamitoyama, à une demi-heure de Kyōto, deux figurines taillées dans une branche de pin sont

Les lignes de la main à Ōsaka.

Les cordes des temples permettent d'appeler la divinité.

accouplées au rythme d'une chanson décrivant leur coït et déposées dans la nuit d'hiver sur la colline qui domine les rizières. Au sanctuaire de Tagata, près de Nagoya, le 15 mars de chaque année, une procession phallique, dont l'origine agraire est oubliée, attire maintenant de nombreux touristes.

Quand vient, en mai, le moment de transplanter les pousses de riz, ce dur travail se métamorphose parfois en une fête au son des chants et des tambours. On écarte aussi les oiseaux des épis grâce à une danse, *torioi*; on conjure les insectes nuisibles par une cérémonie appelée *mushi okuri*, et, comme deux précautions valent mieux qu'une, on ne se prive pas de faire usage de D. D. T. En cas de sécheresse, il faut obtenir du dieu de la Pluie, *Suijin*, qu'il se manifeste. Quand rôdent les typhons de septembre, c'est le dieu du Vent qu'on implore. Enfin, au moment de la récolte, on offre aux dieux des Rizières les premiers épis et on leur donne congé jusqu'à l'année suivante. Un mythe prétend que les dieux locaux, par milliers, se rassemblent alors pour un mois au sanctuaire d'Izumo, qui est, avec celui d'Ise, le plus vénérable du Japon : ces états généraux symbolisent l'unité solennelle qui, de tous les champs épars, forme une seule nation.

TRADITION ET SUPERSTITION

Ce monde rural que la disette menaçait a maintenant disparu, mais les rites du shintō, d'abord destinés à garantir la récolte, continuent d'être respectés même par le citadin, car ils ont pour fonction, au-delà de leur cadre agraire, de conjurer toute mauvaise fortune et de flatter les innombrables dieux sans visage du sort. Il est de bon augure d'orner son appartement de gâteaux de riz pour l'an nouveau, même quand on est employé de bureau; il est non moins recommandable de célébrer, par exemple, la fête de *Setsubun* le soir du 3 février : en famille ou dans les temples, on jette en l'air des poignées de haricots en criant : « Adieu le mauvais sort, vienne la chance! » et les hommes de vingt-cinq ou de quarante-deux ans, les femmes de dix-neuf ou de trente-trois ans pourront conjurer les menaces qui pèsent sur ces âges crus néfastes en mangeant ce soir-là autant de haricots qu'ils ont vécu d'années. Certaines directions seront réputées fâcheuses — et je connais un jeune homme dont les parents, traditionalistes à l'excès, ont préféré, cet été, payer le voyage Tōkyō-New York et New York-Paris,

Moines bouddhistes devant le château d'Ōsaka.

pour lui éviter la direction Tōkyō-Paris, estimée néfaste dans son cas. Avant de fixer la date d'une entreprise, on s'informera de ses jours de chance. Dans les sanctuaires shintoïques et dans les temples bouddhiques on peut acheter des amulettes et des horoscopes. En Europe, même quand le christianisme a toléré l'usage des amulettes de saint Christophe ou de saint Antoine de Padoue, il a combattu les croyances qui ne portaient pas son *approbatur*. Au Japon, le bouddhisme n'a jamais fait table rase. Très vite, ses bodhisattvas et ses patriarches sont devenus des dieux semblables aux kami — à ceci près qu'on les adore non seulement dans leur action, mais aussi dans leur

image. Jizo (en Inde, Ksitigarbha) protège les champs au même titre que le dieu shintō des Récoltes. Dans la difficulté, on implore Kannon (Avalokitesvara), le bodhisattva de la compassion. Un potier de mes amis, grand artiste d'ailleurs, fait, à l'occasion, ses dévotions à Fudo (en Inde, Acala), qui est associé à la force du feu. Le fondateur même de la secte zen, le patriarche du VIe siècle Bodhidharma, qui pourtant, indifférent au sort, passa toute sa vie en méditation, le voici devenu au Japon le populaire Daruma, qu'on invoque pour la réalisation des vœux les plus divers : on le voit partout sous la forme d'une jolie boule de papier mâché rouge ornée d'un visage sans

Match de sumō à Tōkyō. Le balancement du champion, avant le combat, permet aux amateurs de juger de sa force.

yeux — c'est seulement quand le succès se réalise qu'on lui peint un regard, en signe de gratitude. Aux festivals shintoïques, le bouddhisme a superposé ses propres fêtes, comme les danses de la fête des morts, l'*obon*, célébrée en août dans tous les villages. Ces danses sont le plus souvent émouvantes par leur grâce naïve, mais à Tokushima, dans l'île de Shikoku, un délire presque dionysiaque s'en mêle et c'est toute la ville qui, du 16 au 18 août, se met à danser furieusement l'extraordinaire *awa odori*.

L'ÉLABORATION ESTHÉTIQUE DES TRADITIONS

On comprend qu'une raison essentielle de la permanence des traditions tient à leur qualité esthétique : les festivals sont souvent des spectacles collectifs de haute qualité. La fête n'est-elle pas, en somme, la source de tous les arts que l'humanité inventa? Sur une estrade dressée devant le sanctuaire local ont encore lieu parfois les *kagura*, ces danses sacrées jadis exécutées par des médiums, d'où dérivent, à travers bien des avatars, les formes les plus complexes du théâtre traditionnel. La danse du lion, que représentent souvent les acteurs de nō et de kabuki, est initialement un rite d'exorcisme des mauvais esprits. Avant d'être l'affaire des professionnels, le *sumō* (qui est, avec le base-ball, le spectacle sportif aujourd'hui le plus populaire) a trouvé son origine dans les luttes

rituelles organisées à l'occasion des festivals. L'élaboration esthétique apparaît clairement dans une tradition qui est parmi les plus vivaces et les plus charmantes : la fête des poupées, *hinamatsuri*. Jadis, la coutume voulait qu'on fît appel aux sorcières dans les premiers jours de mars : elles transféraient sur des effigies de papier les mauvais sorts qui pouvaient rôder dans la maison; puis ces effigies devinrent des poupées de terre cuite et, au lieu de les jeter à la rivière, on leur présenta des offrandes. La tradition, telle qu'elle subsiste aujourd'hui, s'est fixée voilà deux ou trois siècles, à l'époque Tokugawa : la confection des poupées devint un art, leur habillement fut codifié, et la date du 3 mars fut assignée à la fête, qui devint dans chaque famille l'affaire des petites filles — les garçons ont leur jour à eux le 5 mai, où l'on voit flotter à des mâts d'immenses carpes d'étoffe, symboles de vigueur. Les poupées sorties de leur boîte sont donc rangées sur des gradins de feutre rouge : c'est toute la cour impériale délicatement miniaturisée dans ses habits de jadis qui vient rendre visite aux H. L. M. et aux fermes, et dans des ustensiles de dînette, on offre à l'empereur et à l'impératrice, et à toute leur suite, des gâteaux de riz colorés et du saké doux. On voit comment un rite animiste peut se trouver promu au rang d'un gracieux cérémonial qui célèbre, de surcroît, l'appartenance réciproque du peuple et du souverain à la même communauté.

LES TRADITIONS DE L'EMPIRE

Car la survivance des traditions originelles tient aussi à leur fonction nationale : l'Empire est lui-même une de ces traditions. L'Etat japonais est le seul qui se soit maintenu sans discontinuité depuis la préhistoire. Des luttes réelles qui ont abouti à la suprématie du clan impérial, nous ne savons rien de certain : les origines de l'Etat sont légendaires. Les traditions orales recueillies au VIIIe siècle en écriture chinoise, dans le *Kojiki* et le *Nihonshōki*, retracent, d'un seul mouvement, le commencement du monde et celui de la nation. Aucun historien n'admet ces mythes sans examen critique — mais ce qui reste hors de doute, c'est le rapport étroit de l'institution politique à la tradition.

Non moins que la continuité, remarquons aussi la souplesse de la tradition impériale : toujours le même empereur, mais dans des rôles toujours différents. Car rien n'est plus différent du chef de clan illettré du IIIe siècle que le souverain éclairé du VIIe, qui veut répandre sa compassion bouddhique sur le pays et promulgue, par exemple, la réforme de Taika (645). Plus tard, de l'an 1000 au XIXe siècle, l'empereur ne se perpétue qu'en maître de cérémonies, sans pouvoir politique. Par une nouvelle métamorphose, il devient, avec la restauration de Meiji, monarque constitutionnel. Aujourd'hui, investi d'une fonction muette, il symbolise l'unité de l'Etat.

Les traditions survivent en se réformant sans cesse — mais cette évolution ne connaît pas de rupture : l'Etat japonais, la culture japonaise n'ont jamais été subjugués de l'extérieur. Même l'occupation américaine, de 1945 à 1952, n'a pas été vécue comme une conquête; tout a changé depuis la guerre ici, sauf l'Empire dans son autonomie. Seuls, au XIII⁰ siècle, les Mongols ont pu représenter un risque sérieux de colonisation. La famille impériale, issue de la déesse du Soleil, a donc toujours été de même race que n'importe quelle famille de paysans. Encore aujourd'hui, dans un monde travaillé par les tensions ethniques et les conflits de culture, l'homogénéité raciale et culturelle du Japon est saisissante : il n'y a jamais eu ici d'opposition entre une culture de conquérants et une sous-culture de vaincus. Chaque année, l'empereur, en manches de chemise, moissonne quelques épis; le 17 octobre, il accomplit les offrandes prescrites au sanctuaire familial, et quand il rend visite, dans la forêt d'Ise, à son aïeule divine Amaterasu, il vient honorer la Lumière qui fait mûrir les moissons.

RÉVOLUTION CULTURELLE ET TRADITION

Pourtant, le Japon ne serait que la moitié de lui-même s'il se bornait à cette fidélité aux traditions autochtones. On accueille ici, on observe, on imite, on assimile tout ce qui est nouveau, tout ce qui vient d'ailleurs. Le refus du christianisme, au XVII⁰ siècle, est la seule exception qui confirme cette règle. A cet égard, deux dates sont essentielles : 552, qui marque l'adoption officielle du bouddhisme, l'introduction massive de la culture chinoise, et 1868, où commença l'apport occidental. Dans les deux cas, cette importation libre et volontaire a engendré une véritable révolution culturelle : de proche en proche, c'est toute la société qui a été transformée. Mais dans les deux cas les traditions antérieures ont continué d'être respectées : les coutumes anciennes et les coutumes nouvelles se sont prolongées côte à côte, sans se détruire — mais sans se confondre! On distingue au premier abord un temple bouddhique d'un sanctuaire shintoïque. Les gestes mêmes de la prière sont différents : on claque des mains devant les dieux locaux, on les joint en silence devant les autels du Bouddha. Les kami s'occupent de la fertilité, de la naissance, du mariage, de la chance — le bouddhisme a reçu vocation de consoler la

Les carpes sont les emblèmes des garçons.

douleur et de sanctifier la mort. On trouve dans les familles deux petits autels de forme différente accrochés au mur : le shintoïque (kamidana) et le bouddhique (butsudan). De même, il existe en peinture un style proprement japonais et un style d'origine chinoise. De même en céramique. De même en calligraphie. De même en cuisine : même dans les plats quotidiens de la famille, on continue de percevoir comme distinctes une tradition strictement japonaise et une tradition chinoise ou plutôt sino-japonaise.

Ce pluralisme s'est encore diversifié avec l'occidentalisation. C'est selon le mot d'ordre « les mœurs de l'Est, la science de l'Ouest » que le Japon s'est modernisé, au moment même où la Chine se montrait incapable de ce discernement et, faute de savoir choisir, se laissait subjuguer. Aujourd'hui encore, les formes de la vie privée demeurent volontiers orientales, tandis que les formes de la vie publique et professionnelle sont entièrement occidentalisées : l'image de l'employé qui, rentrant de son bureau climatisé, pose son veston pour endosser un kimono nous est familière.

Un fabricant de poupées.

les traditions

Les Japonais obtinrent très vite des résultats brillants dans les voies nouvelles. L'art bouddhique devint ici, dès le VIIᵉ siècle, égal en qualité à l'art bouddhique de l'Inde ou de la Chine. La spéculation religieuse aussi se montra florissante. Les calligraphes du Japon rivalisèrent avec ceux du continent. Bien mieux, c'est au Japon que les traditions importées se poursuivent encore, alors même qu'elles sont éteintes dans leur pays d'origine. Depuis l'an 701, la cour impériale possède un orchestre de musique traditionnelle, dite *gagaku*, dont le répertoire n'a pas changé en treize siècles, ni les instruments — les interprètes se transmettent leur savoir-faire de père en fils. La présence du gagaku est discrète : trois concerts au printemps, trois à l'automne, dans l'enceinte du palais, sur invitations — et à peu près une fois par an un concert public. Rien n'est plus beau que cette musique solennelle si pure, si lointaine, et la danse très lente *(bugaku)* qu'elle accompagne. Pour l'essentiel, c'est le style qui était en vogue à la cour chinoise des T'ang, mais certains airs sont originaires de Corée, de Mandchourie,

Musiciens accompagnant la danse du bugaku.

d'autres de l'Inde et de l'Indochine. C'est toute la tradition musicale de l'antique Extrême-Orient qui est venue confluer vers le gagaku pour s'y fixer et y survivre, partout ailleurs effacée. De même, il n'est sans doute plus possible de trouver entre Canton et Pékin un seul artiste capable de produire une céramique digne de ce que la Chine savait faire il y a encore deux ou trois cents ans. Mais, au Japon, la grande tradition de la porcelaine chinoise continue, depuis longtemps acclimatée, d'être illustrée par des artistes contemporains — cependant que se poursuivent parallèlement les traditions autochtones du grès japonais, venues de l'art folklorique, de l'artisanat populaire, comme les styles de Bizen, de Tamba ou de Shigaraki. Quant à la tradition religieuse, le bouddhisme est éteint depuis plus d'un millénaire en Inde — et en Chine, après sa longue décadence, qu'en reste-t-il aujourd'hui? Mais au Japon (qu'on songe au zen ou au Sokagakkai) il demeure bien vivant. On peut même découvrir encore, dans l'un des quartiers les plus animés de Tōkyō, un curieux temple de Confucius où se poursuivent, au milieu de l'oubli général, quelques-uns des rites qui régnaient autrefois sur des millions de Chinois.

Pourquoi ces succès dans l'émulation, pourquoi cette endurance contre l'usure du temps? Cela tient sans doute à la véritable démocratie culturelle qui a transcendé au Japon toutes les frontières de classe. L'application à l'étude a toujours été considérée comme une vertu primordiale dans tous les milieux. Déjà, dans la première anthologie impériale, le *Manyōshū* (VIIIᵉ s.), on trouve des poèmes de paysans à côté des poèmes de princes. Sur une base aussi large, les traditions nouvelles ont donc pu s'implanter durablement. Chaque fois, après 1868 comme après 552, le Japon a réussi à rattraper son retard en une ou deux générations : on envoie des boursiers outre-mer, on invite des experts étrangers, comme le prêtre chinois Ganjin en 755, ou le juriste français Boissonade en 1873 — et tout le pays se met à l'étude. Très vite, après quelques années d'imitation et d'apprentissage, l'harmonie s'établit entre les traditions importées et les traditions autochtones.

LES TRADITIONS ARISTOCRATIQUES

Rien n'est plus parfait, à cet égard, que la civilisation de l'époque Heian (IXᵉ, Xᵉ et XIᵉ s.), qui a fleuri autour de la cour impériale, lorsque les tradi-

Une tradition japonaise : les arbres nains.

tions sino-bouddhiques eurent été intimement assimilées. Vers l'an 1000, un admirable art de vivre a pu s'épanouir dans ce milieu restreint, dans cette élite paisible qui ne songeait pas à élever des murailles autour de ses palais. Nous en avons un reflet fascinant dans quelques grandes œuvres comme les *Notes de chevet* de Sei Shonagon ou le *Roman de Genji* de Murasaki Shikibu.

Ce qui frappe d'abord, c'est l'esthétisme de cette culture; tous les aspects de la vie sont soigneusement élevés à la perfection d'un art : écrire une lettre, choisir une robe, ouvrir une porte, engager une conversation, observer les nuages — il n'est rien qui ne puisse être occasion de beauté. Les sentiments sont empreints d'une subtilité qui, par comparaison, fait sembler un peu vulgaires nos ducs du Grand Siècle, un peu frustes nos marquises de Rambouillet et de Sévigné. C'est alors, en particulier, que le sentiment japonais de la nature se fixe dans sa justesse la plus délicate : chaque année, c'est tout un événement de voir apparaître le premier bourgeon de prunier, un peu plus tard d'admirer les cerisiers épanouis, puis d'attendre la pleine lune d'équinoxe en septembre, de voir rougir les feuilles d'érable à l'automne ou luire la neige du nouvel an. Les princes de Heian s'inspirent en cela de la poésie chinoise, mais ils subliment aussi dans leur sensibilité d'esthètes les traditions rurales du shintô, étroitement accordées au cycle des saisons.

Cette sensibilité, fixée dans les coutumes aristocratiques de l'an 1000, s'est diffusée dans le peuple entier — et elle s'est perpétuée en traditions

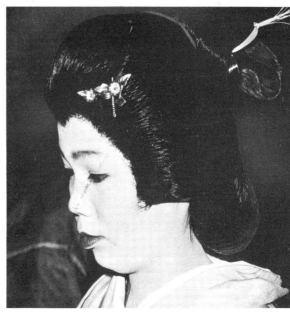

Coiffure et maquillage traditionnels de la geisha.

Cette petite fille de huit ans apprend à devenir une geisha.

vivaces, dont la plus célèbre est la visite aux cerisiers en fleur *(hanami)*. Pour se rendre aux sites réputés, comme les collines d'Arashiyama ou de Yoshino, on utilise maintenant l'avion ou le train super-express; les caméras de télévision et les appareils photographiques s'affairent autour des arbres fleuris — comme si la technique moderne, qui ne porte en soi aucune signification particulière, ne pouvait en trouver une qu'en se mettant au service de la sensibilité traditionnelle! Parmi les divertissements goûtés à la cour de Heian, la musique et la danse figuraient en bonne place; des jeux de société occupaient aussi le temps qui n'était pas requis par les cérémonies de la cour et par la pratique des arts. Citons un jeu d'échecs d'origine chinoise, le *shogi*, encore très populaire — et surtout le jeu de *go*, qui repose sur des manœuvres d'encerclement, seule stratégie qu'ait pratiquée cette aristocratie dédaigneuse des armes. La

Une partie de go.

tradition sino-japonaise du go connaît maintenant (comme l'ikebana ou le judo) une diffusion internationale. D'autres passe-temps sont désormais éteints, tel le *kemari* (venu de Chine au VIIIe s.), qui consistait à frapper du pied un ballon, de sorte qu'il fît le tour d'un cercle de huit joueurs sans tomber au sol : notons que l'élégance et l'adresse primaient la force et que l'accent était mis non sur la compétition, mais sur l'harmonie.

L'ÉROTIQUE TRADITIONNELLE

Mais le divertissement suprême était l'amour : les esthètes de l'an 1000 faisaient preuve d'une liberté de mœurs que l'Occident n'a jamais connue avant le XXe siècle. Aucun soupçon de puritanisme — à l'égard des plaisirs charnels, une spontanéité inconcevable en domaine judéo-chrétien. Le libertinage occidental n'est-il pas toujours mêlé de révolte, de tragédie et d'une pointe de satanisme? L'érotique japonaise, telle qu'elle s'illustre dans le *Roman de Genji*, s'ingénie à vivre l'amour comme plaisir et le plaisir comme art — elle connaît les risques de la jalousie, mais elle ignore les remords qu'inspire le péché. Nous voyons, par exemple, le prince Genji, fils de l'empereur, séduire Fujitsubo, la concubine préférée de son père : elle met au monde un garçon, dont l'empereur croit être le père, alors qu'il n'en est que le grand-père, et l'auteur nous présente cette situation comme délicate, voire périlleuse, mais nullement

105

Konomiya : les jeunes gens, vêtus d'une simple bande de coton autour des reins, vont se précipiter vers le temple pour s'emparer de bâtons sacrés.

comme scandaleuse, — et surtout tellement attendrissante!

Cette tradition de vie galante, pratiquée par l'aristocratie de cour, se répandit largement à l'époque Tokugawa dans la population des grandes villes : les *geishas* apparaissent vers 1750; en 1804, il y en a cent soixante-trois dans Yoshiwara, le quartier de plaisirs de la ville d'Edo; en 1865, elles sont trois cent quarante, et trois d'entre elles se rendent jusqu'à Paris pour montrer aux visiteurs de l'Exposition universelle de 1867 leurs perruques compliquées, leurs fastueux kimonos et leurs talents de danseuses.

La fête des lanternes à Sendai.

Et depuis ce moment, les Occidentaux n'ont pas cessé de se demander avec perplexité : sont-elles, ces geishas, de simples prostituées? Ou sont-elles de véritables artistes? Faux dilemme : ne peuvent-elles pas être, plus ou moins, l'une et l'autre. Mais dans notre tradition nous ne trouvons rien qui nous aide à concevoir une catégorie de divertissements englobant, d'un seul tenant, les arts de la danse et du chant, les agréments de la conversation et les jeux de l'amour charnel. Pourtant, nous avons su en France, les premiers, apprécier le charme des estampes du XVIIIe siècle. Les mêmes qualités traditionnelles les rapprochent, à sept siècles de distance, des rouleaux enluminés du *Roman de Genji* : même subtilité des coloris, même élégance du trait, même sentiment des plaisirs fugitifs. Dans l'œuvre d'Utamaro ou de Harunobu se peint le « monde flottant » *(ukiyoe)* de l'ancien Yoshiwara — avec une gaieté, une innocence qui n'ont pas cessé de se prolonger jusqu'à nous, comme la plus gracieuse des traditions, dans le style d'accueil touristique et surtout dans les bars, boîtes et cabarets innombrables du Tōkyō nocturne. Les lanternes de papier s'allument dans la nuit, les néons brillent : pendant deux ou trois heures, entre le bureau et la maison, les Japonais vont circuler de sourire en sourire — car c'est une tradition aussi des épouses de n'exercer aucun contrôle sur les soirées de leurs maris!

LA TRADITION POÉTIQUE

On notera que cette recherche du plaisir est sauvée de la vulgarité et même de la frivolité par un souci constant d'expression poétique. Les princes de Heian, qui ne dédaignaient pas la

Le Jidai matsuri à Kyōto.

Fête du feu et de la Lune à Tōkyō.

blés en tas furent lus à haute voix, relus une seconde fois, et le meilleur fut sélectionné par acclamations. Tout cela sans aucune affectation, comme la chose du monde la plus naturelle, la plus divertissante.

Ce goût spontané de la poésie inspire un jeu de société, *hyakunin isshu*, le jeu des Cent Poèmes. On dispose devant les joueurs cent cartes où figurent les derniers vers de cent textes d'auteurs différents. Un lecteur cite le début d'un de ces poèmes, au hasard — et c'est à qui, par un exploit de mémoire et de dextérité, le plus vite s'emparera de la seconde moitié de la citation. Cette tradition, venue des cercles aristocratiques du XIIIe siècle, est aujourd'hui pratiquée dans toutes les familles, surtout au moment du nouvel an. Il faut aussi noter, dans la présentation du jeu, l'influence occidentale, puisque ce furent les Portugais, au XVIe siècle, qui firent connaître ici les premiers jeux de cartes, en même temps que la friture à l'huile et les armes à feu.

LES TRADITIONS DES SAMURAI

Quelle que soit la perfection de toutes ces traditions d'origine aristocratique, elles ne suffiraient pas seules à faire la grandeur du Japon. Disons même qu'elles représenteraient un danger de fadeur et de mièvrerie si d'autres tendances ne venaient pas limiter leur emprise. Une seconde aristocratie, celle des samurai, domine peu à peu les provinces et s'empare du pouvoir central en 1156. Ces nouveaux nobles ne sont plus des lettrés, des dilettantes, mais des féodaux, des militaires. Notons bien qu'ils ne font pas table rase de l'ancienne noblesse : ils se juxtaposent à elle, souvent même ils imitent sa culture — mais ils lui retirent toute fonction politique, ils la confinent à un rôle d'apparat. Et pendant quatre siècles de guerres civiles, ils créent une tradition nouvelle dont bien des traits marquent à jamais l'âme du Japon. C'est la tradition du sabre, symbole de l'honneur immaculé. Ils sont encore bien beaux, ces sabres de jadis — non pas tant par l'ornementation du fourreau, de la poignée et de la garde, que par la qualité même de leur lame, toujours présentée à part, sur une soie blanche, dans les vitrines des musées. C'est dans la perfection même de la substance que réside la beauté de l'objet : principe bien japonais.

Les samurai sont d'abord les champions des arts de combat : l'art de

jeunesse ni la beauté, appréciaient avant tout dans leurs partenaires l'élégance de l'écriture et le don de poésie. De chaque circonstance pouvait naître l'occasion d'un bref poème (au plus trente et une syllabes) adressé à l'être aimé : il s'agissait d'exprimer avec esprit et sensibilité l'un des mille émois fugitifs, presque imperceptibles, que recèle la vie quotidienne dans sa tacite profusion. Cette tradition d'une poésie de l'instant s'est poursuivie, depuis les *waka* de Heian jusqu'aux *haikai* de l'époque Edo. L'intention du poète japonais n'est pas d'élever un monument verbal perdurable, une chose de beauté qui soit une joie pour toujours — simplement, il signale d'un trait oblique, aigu, la qualité d'un détail vécu, tout de suite effacé; son

chant adhère à la chose même, saisie dans son impermanence (*mono no aware*). Il est toujours de tradition, chaque année, que le bureau de poésie de la Maison impériale organise un concours sur un thème : les cerisiers, la mer, l'automne, les nuages... Les envois affluent, venant de toutes les classes de la société. Je me rappelle avoir accompagné un de mes amis japonais chez un prêtre bouddhiste de la banlieue de Tōkyō, une nuit de l'été dernier : dans la cour du temple, sept ou huit personnes bavardaient autour des coupes de saké, la lune de septembre était là dans le ciel; quelqu'un lança l'idée d'un concours de haikai, et pendant une dizaine de minutes chacun se mit à assembler les dix-sept syllabes — puis tous les petits papiers rassem-

l'escrime (kendō), un temps négligé au lendemain de la guerre, mais derechef très populaire parmi les étudiants; l'art de la hallebarde (naginata), pratiqué jusqu'en 1945 dans les écoles de filles; l'art de l'arc (kyudō), conçu comme une discipline de l'esprit; et surtout le judo, qui est peut-être aujourd'hui l'art japonais traditionnel le plus répandu dans le monde : il a été fixé dans ses règles actuelles très récemment, voilà à peine un siècle, mais il est l'héritier des formes très anciennes de combat à main nue qui, comme le karate, se sont développées parmi les samurai et surtout parmi les bonzes du Moyen Age, souvent émules des samurai en combativité.

Les classes féodales ont élaboré aussi un code moral rigoureux, le bushidō, qui met l'accent sur des vertus telles que la loyauté, l'énergie, l'abnégation, la maîtrise de soi. Si l'on se rappelle que les quatre vertus cardinales du bouddhisme étaient la joie, la sérénité, la bienveillance et la compassion, on pourra mesurer la nouveauté d'inspiration apportée par le bushidō. Cette tradition a nourri, avec certains apports occidentaux, le nationalisme de Meiji et le militarisme qui a conduit à la catastrophe de 1945 : elle a donc été soumise depuis vingt-cinq ans à une critique sévère. Mais on peut mesurer son emprise par le répertoire du théâtre kabuki et du théâtre bunraku : les dilemmes de l'amour et du devoir, les triomphes de la volonté, les sacrifices déchirants font encore pleurer les foules de Tōkyō — et Chushingura, l'interminable vendetta des quarante-

sept samurai loyaux à leur défunt seigneur, ne cesse pas chaque année de faire des salles pleines.

Les féodaux ont même réussi à faire converger le fanatisme de l'abnégation et le sentiment esthétique en inventant un art nouveau, praticable en cas de conflit insoluble, le fameux harakiri, dit aussi plus noblement seppuku : c'est l'art difficile de s'ouvrir l'abdomen en croix au moyen d'un sabre court. Voilà une tradition qui a beaucoup fasciné l'Occident. De nos jours, à voir les statistiques, on ne se suicide pas beaucoup plus au Japon qu'ailleurs. Rappelons pourtant le seppuku du ministre de la Guerre, en 1945 — et surtout celui du romancier Mishima, qui a choisi en novembre 1970 cette mort hors du commun pour tenter de remettre en honneur les traditions militaires de son pays.

Le public japonais, qui ne connut jamais la condamnation chrétienne du suicide, reste beaucoup plus sensible que nous aux beaux exemples de mort volontaire, qu'ils soient exposés au théâtre, au cinéma ou dans les faits divers. Quant à notre fascination, d'où vient-elle, sinon de constater que le souci de perfection esthétique puisse s'accorder avec l'horreur et ne pas faire défaut à l'exécutant à l'instant d'un acte suprême?

LA PLACE DU « ZEN »

Nous pouvons donc figurer les tendances profondes de la tradition japonaise par un triangle dont la base serait occupée par les traditions

Une tradition des samurai : la lutte au sabre, représentée ici dans le film « Harakiri » de Kobayashi.

L'art de l'arc (kyudō) est conçu comme une discipline de l'esprit.

rurales et impériales du shintō, les deux côtés représentant les traditions de l'aristocratie de cour et celles de l'aristocratie militaire. Et au centre, que mettrions-nous? Pour ma part, j'y verrais le zen, dans l'épanouissement qu'il connut au XVe siècle. Je vois converger vers lui, à l'aube des temps modernes, l'esprit de simplicité et de pureté, le sens du site naturel et des rites qu'apporte le shintō — le charme poétique, le raffinement esthétique de Heian — et le meilleur de l'héritage des samurai : maîtrise de soi, ascèse, énergie. Nous ne considérons pas ici le zen dans sa visée religieuse (la recherche de l'illumination personnelle par la méditation), encore que cette

Les arts martiaux sont toujours à l'honneur au Japon : ici une parade inattendue contre une attaque au sabre.

Défilé historique à Nikkō, en costume Tokugawa du XVIIᵉ siècle.

religion sans l'espoir d'un autre monde apparaisse comme une des rares qui puissent encore parler à l'homme d'aujourd'hui. Il nous suffit de rappeler que le zen a été le foyer de certains arts traditionnels où nous pouvons trouver ce que le Japon a de plus significatif.

Notons d'abord que le zen, sans jamais cesser d'être au centre de l'esprit japonais, ne cesse jamais de s'instruire au-dehors. Les lavis à l'encre (*sumie*) sont d'origine chinoise, mais dans l'œuvre de Sesshū cette technique est intimement japonisée. De même, les *haiku* de Bashō font souvent allusion à des poèmes chinois, mais l'esprit qui les inspire est uniquement japonais : esprit de réserve, de pudeur, de solitude que connotent des termes comme *wabi*, *sabi* ou *shibui*. Non que le zen manque d'humour : pensons à ses étonnants jardins qui sont comme un rire pétrifié que le hasard adresse à la

Démonstration de kendō, l'escrime pratiquée avec des sabres de bambou.

Danseuses au festival d'Akita.

La cérémonie du thé.

les traditions

nécessité géométrique. Le même sentiment de surprise donne vie à l'art des fleurs : depuis le VIᵉ siècle, la coutume est d'en orner les autels bouddhiques et le style d'arrangement *rikka* a été codifié à l'époque Heian — mais le zen a varié, aéré l'ikebana, qui est, avec le judo, la tradition japonaise la plus répandue dans le monde. Aujourd'hui, nombreuses sont les écoles d'ikebana au Japon même; chacune est fixée, parfois figée dans ses règles particulières : le danger de formalisme est toujours présent.

GRANDEUR ET DÉCADENCE DE LA TRADITION DU THÉ

Le même formalisme envahit une autre tradition d'origine zéniste : l'art du thé *(cha no yu)*. On l'enseigne aujourd'hui aux jeunes filles comme un passetemps avant le mariage. Et quand on assiste à une de ces cérémonies où officie une demoiselle mièvre et endimanchée, il est rare qu'on éprouve d'autre émotion que l'ennui. L'industrie touristique s'en mêle : tous les soirs, pour 10 francs, dans l'immeuble dit Gion Gorner, à Kyōto, un digest des arts traditionnels est présenté en cinquante minutes : un soupçon de nō, une pointe de bunraku, quelques danses, cinq minutes de koto et de shamisen, le tout couronné par une prétendue cérémonie de thé exécutée par une geisha prétentieuse — de quoi faire frémir les cendres du grand maître de thé Sen no Rikyu. Et pourtant le thé, avant d'être ainsi momifié, fut une grande chose : l'extrême raffinement dépouillé jusqu'à l'extrême simplicité. Car aussi simples que parfaits doivent être les gestes de mélanger la poudre verte à l'eau bouillante, de boire, et même de laver les ustensiles. Notons en passant que seul le Japon pouvait faire un art subtil de la nécessité triviale de laver la vaisselle. N'oublions donc pas qu'il ne s'agit, dans cette liturgie sans dieux, que des choses de la vie quotidienne : on passe quelques instants avec ses amis, on mange des gâteaux en buvant le thé, on manie quelques objets. Et ces objets mêmes, de laque, de métal et des plus précieuses céramiques, les maîtres de thé les ont souvent sélectionnés dans la foule anonyme des produits de l'artisanat. La petite maison, semblable à une hutte, où se déroule la cérémonie n'estelle pas aussi le point de convergence du savoir-faire immémorial des différentes corporations : charpentiers,

Ikebana : l'art d'arranger les fleurs.

maçons, couvreurs, menuisiers? Si le Japon conserve et apprécie, mieux que d'autres pays industriels, ses traditions artisanales, c'est en partie à l'esprit du thé, à l'esprit du zen qu'il le doit.

LA LETTRE ET L'ESPRIT DES TRADITIONS

Cet exemple nous montre que deux menaces pèsent aujourd'hui sur les traditions : lorsqu'elles ne s'éteignent pas de leur belle mort, elles risquent de se corrompre ou de se scléroser. Elles se corrompent en se vulgarisant : la publicité touristique les altère, les farde, les prostitue. Quel pays ne cherche à organiser la survivance folklorique, anodine et artificielle de traditions jadis vivantes? Le Japon n'est pas à l'abri de cet abus, mais dès qu'on sort des circuits prévus les traditions

authentiques ne manquent pas. Le danger de sclérose est plus menaçant : en se perpétuant, les traditions japonaises se sont codifiées, elles sont devenues dans de nombreux cas des arts exacts, les écoles se sont diversifiées : on ne compte pas moins de quarante-six écoles de danse traditionnelle, jalousement attachées à leur style particulier. Une technique précise est enseignée, mais l'esprit de l'origine est oublié dans la transmission de la lettre. Le zen peut conjurer cette momification. Non pas qu'il prodigue des discours sur l'esprit : il sait qu'on ne peut rien en dire. L'esprit est toujours dans la marge, et la lettre n'est rien sans ce rien qu'est l'esprit. C'est ce paradoxe que le zen propose à notre attention pour nous aider à replacer les traditions japonaises dans leur véritable sens.

Un sport japonais pratiqué dans le monde entier : le judo.

TRADITION ET MODERNISME

Il est temps de nous demander si l'opposition que nous croyons constater entre la tradition et le modernisme est véritablement fondée. Les Japonais eux-mêmes l'ont cru : lisez les romans de Tanizaki, ils nous présentent des personnages déchirés entre la fidélité aux coutumes anciennes et les nécessités de la vie nouvelle. Mais ne devrait-on pas comprendre, plutôt, que les succès actuels du Japon sont étroitement dépendants de ses traditions? Dans les formes modernes s'investissent des qualités que tout le passé a forgées.

Les chefs d'industrie ont la même audace que les samurai d'autrefois. L'économie japonaise doit son dynamisme au jeu de plusieurs clans, les *zaibatsu*, qui se livrent à une concurrence vivace tempérée par l'arbitrage du gouvernement central. Le rapport de l'ouvrier à l'entreprise n'est pas sans rappeler le lien réciproque du samurai, salarié lui aussi, à son seigneur : il ne risque pas d'être licencié selon les hasards de la conjoncture, mais il doit participer sans réserve à la bonne ou à la mauvaise fortune de sa maison. Ce n'est pas précisément (comme le pense le marxisme) sa force de travail qu'il vend, c'est plutôt sa personne tout entière qu'il engage.

Comme les esthètes de la cour, les Japonais pratiquent encore le goût du bel objet; ils s'efforcent de porter leurs produits au plus haut niveau de simplicité et de perfection — et c'est vers cette recherche qualitative qu'ils vont de plus en plus orienter leur commerce extérieur. Ils sont également, comme les princes bouddhiques du VIIᵉ siècle, souples à toute innovation, attentifs aux modes lointaines, toujours prompts à l'émulation.

Ce goût très vif de la consommation, qui donne aux rues commerçantes de Tōkyō ou d'Ōsaka un air de fête perpétuelle, ne vient-il pas des traditions de plaisir qui ont été si chères aux classes marchandes de l'époque Edo? Pourtant, s'ils dépensent beaucoup en biens d'équipement, en voyages, en spectacles, ils continuent de se montrer aussi sobres dans leur nourriture, dans leur habitat : la part du nécessaire leur paraît, selon l'esprit du zen, toujours réductible. Ils pourront se montrer, comme dans le passé récent, plus capables que d'autres peuples d'endurer sans angoisse les revers de fortune. Leur grande force, c'est peut-être dans les traditions les plus lointaines qu'il faut la chercher : ils ont depuis toujours le sentiment de former une entité variée, mais solidaire. Notons bien que ce sentiment qui les rend aptes aux grandes entreprises ne repose pas, comme en Chine ou en Occident, sur une vision moraliste de la vie conçue comme une lutte du bien contre le mal ou comme une croisade menée par un homme du destin. Les Japonais savent que les dieux sont multiples et que l'histoire n'est rien que la trame de tant d'actions diverses. Loin de penser que la vérité est une et éternelle, ils comprennent qu'elle est changeante, multiple et fugitive. Et dans ce pluralisme, qui reflète la pluralité de leurs traditions, réside leur plus belle sagesse.

Prêtre zen : vie de rigueur et d'humilité.

Ashura, statuette en laque de l'époque de Nara (VIIᵉ - VIIIᵉ s.). Musée national de Nara.

L'art

L'art, au Japon, est plus qu'ailleurs peut-être une sublimation constante des mille actes de la vie sous toutes leurs formes, même les plus terre à terre. Le principe en fut donné par le shintō, dont le culte originel est avant tout exigence de propreté, distinction rigoureuse du pur et de l'impur.

Ce précepte, tempéré des concessions faites aux nécessités matérielles et à la paresse humaine, car il n'est pas possible de tout bien faire partout, explique la juxtaposition parfois étonnante de ces étranges paradoxes : le désordre, la saleté, le manque de soin côtoyant l'ordre et la plus éblouissante beauté. C'est cette dualité qui frappe bien souvent le voyageur occidental lors de ses premiers contacts avec les villes japonaises : aspect anecdotique et humoristique de ce grand principe de la sagesse nippone qu'il vaut mieux concentrer utilement toutes ses énergies en un champ à sa mesure que les perdre dans un ensemble trop vaste. La perfection et ainsi la transfiguration d'un acte quotidien peuvent être considérées comme une œuvre d'art; les gestes des simples cuisiniers des restaurants où l'on mange le poisson cru sont rythmés avec une telle efficacité, élégance et précision, avec une telle harmonie et une telle intégration au mouvement général du corps qu'ils relèvent presque déjà de la danse.

LE GOÛT DE LA FORME

Cette proximité des arts dans la vie quotidienne eut pour effet de favoriser tout particulièrement le développement des arts mineurs dans un pays où, au fond, rien n'est mineur. Tout artiste, tout homme de savoir se doit d'être, à la manière du lettré chinois, un « homme à tout faire », capable de comprendre et de pratiquer les mille activités de la vie. Le goût japonais pour les matières pures, simples, brutes, et le respect profond pour leur beauté intrinsèque entraînent par ailleurs une notion assez large de l'œuvre d'art, qui commence par la mise en valeur habile d'une jolie veine de bois, l'appréciation de la forme harmonieuse ou amusante d'une pierre, du blond doré d'une natte de paille. Un bon exemple de cet amour de la nature est donné par l'art des bouquets : à nos arrangements de peintres où la fleur, perdant son individualité, n'est plus que l'élément coloré d'un tout, s'oppose la disposition japonaise; aux effets de masse se substituent des recherches d'économies — dont l'apparente simplicité peut, elle aussi, être sophistiquée —, et la fleur, mise en écrin, est admirée en elle-même, pour elle-même.

Un goût particulier s'attache également au toucher, et la qualité plus ou moins lisse ou rugueuse de la poterie entre pour une bonne part dans l'appréciation générale de l'œuvre. Cela tient pour beaucoup à la finalité des objets : les bols utilisés pour la cérémonie du thé et que l'on tourne longuement dans les mains doivent, par leur forme et leur contact, être une source supplémentaire de joie.

La grande inspiratrice de l'art japonais est la nature. On y trouve la vivacité des couleurs, la violence des pluies argentées, les verts profonds des forêts, les formes trapues du relief, les plans montagneux qui s'étagent jusqu'à l'horizon, séparés par de longues écharpes brumeuses; on y voit enfin un ciel pur et les mille variations chromatiques de la mer. Selon que ces éléments furent transposés par le moyen des techniques de la peinture chinoise ou bien par les méthodes locales d'application de couleurs vives sur un dessin déjà tracé, naquirent les lavis (sumi-e) ou les peintures à la japonaise (yamato-e).

On retrouve dans toutes les branches de l'art l'impact tangible de la proche présence continentale, dont les grands courants artistiques trouvèrent toujours leur écho nippon. L'insularité permit cependant au Japon de réserver ses choix et d'opposer au tout-puissant voisin sa propre vision, consciente de ses emprunts et reconnaissante, mais originale.

UN NOUVEAU MODE DE BATIR

Le Japon, terre peuplée, surpeuplée même, n'est pas un simple paysage habité, c'est une nature à laquelle l'architecture a donné son sens plein. Greniers, paillotes sur pilotis des sociétés primitives, ainsi que les somptueux monuments des grands siècles chinois se fondent avec le sol. Car, phénomène remarquable, les architectes nippons ont découvert depuis longtemps le dernier cri du progrès : le module qui accorde l'homme à son milieu naturel.

Des premières traditions nationales naquirent les temples shintō, dont les grands sanctuaires d'Ise et d'Izumo présentent sans doute la facture la plus exemplaire, la plus proche, en tout cas, de celle des palais primitifs : bâtiments en bois, rectangulaires, portés sur pilotis, espaces ménagés sous un lourd toit de chaume hérissé d'arêtes faîtières taillées dans des troncs, rustiques mais orgueilleux réceptacles du miroir sacré d'Amaterasu. Avec le bouddhisme apparut un nouveau mode de bâtir. Au début, les bâtiments ne furent que la réplique fidèle des édifices continentaux; particularité providentielle qui vaut aujourd'hui au Japon d'être, malgré son originalité puissante, le dernier réceptacle d'une civilisation désormais révolue en Chine, où les bâtiments archaïques s'effondrèrent peu à peu au cours des invasions, des guerres et des révolutions successives. Le Japon n'a certes rien conservé de ses premiers grands ensembles architecturaux, mais les fondations encore visibles permettent de rêver aux fastes des capitales de jadis. Les édifices bouddhiques, en revanche, toujours pieusement reconstruits — comme tous les bâtiments religieux nippons — conformément au plan primitif, sont un des éléments les plus constants et les plus émouvants du paysage insulaire. Enclos sacré agencé pour la prière et la méditation monastique, le temple bouddhique se compose d'un pavillon d'adoration du Bouddha (hondō), dit aussi « pavillon d'or » (kondō), d'un reliquaire ou pagode (tō) à plusieurs étages, d'une galerie couverte (kairō) courant comme un cloître autour des édifices principaux et s'ouvrant au sud par une porte centrale (chūmon) : l'ensemble est ceinturé d'un mur de clôture percé d'une porte principale au sud (nandaimon). A ce plan initial, les nécessités de la vie conventuelle peuvent ajouter un pavillon de lecture des livres sacrés (kōdō), des dortoirs

Le Hoodo (pavillon du Phénix) du Byōdōin, à Uji (Xe-XIe s.).

(sobo), un beffroi (shoro) abritant la lourde cloche sans battant dont le son rythme les jours, une bibliothèque (kyōzō) et un réfectoire (jikidō). Si, à l'origine, l'alignement à la chinoise des principaux bâtiments fut respecté, comme au Shintennoji, par exemple, les architectes nippons ne tardèrent pas à s'enhardir. Aussi le Hōryūji (VIIᵉ s.), dont le plan dissymétrique fait jouer l'équilibre des masses dissemblables de la pagode et du pavillon d'adoration placés côte à côte, est-il, malgré tous ses éléments chinois et ses colonnes laquées de rouge, un pur produit japonais.

PLUS DE GRÂCE ET DE FANTAISIE

Au fil des jours, l'humanisation du bouddhisme et la primauté sociale grandissante de la dévotion séculaire vinrent modifier l'agencement primitif. La masse de plus en plus considérable du public, ainsi que l'augmentation d'un panthéon que nourrissaient les nouvelles sectes entraînèrent l'allongement du bâtiment principal, bientôt accolé au flanc septentrional de la galerie couverte : c'est la disposition du Tōshōdaiji (milieu du VIIIᵉ s.). Au terme de l'évolution, les fidèles, que l'on avait d'abord abrités sous divers auvents, puis dans un bâtiment spécial, furent admis dans le sanctuaire proprement dit, au fond duquel on avait repoussé l'autel : c'est le deuxième plan du Tōdaiji (milieu du XIIᵉ s.) et la disposition désormais exemplaire. Une variante pourtant fut pratiquée dans les temples de la secte Tendai (comme

l'Enryakuji au mont Hiei), dont le plan carré à autel central obéit au rituel primitif qui oblige les moines à tourner autour des saintes images tout en récitant leurs prières.

Si le luxe grandiose des T'ang couvrit le Japon d'une série de bâtiments aux nobles proportions, ces modèles si admirés allaient, au cours de l'époque Heian, perdre de leur pompe officielle et gagner en grâce et en fantaisie : en un mot, à partir des modèles chinois, un style proprement nippon allait naître. Ses caractéristiques en furent déterminées d'abord par la finalité des bâtiments : aux imposants édifices impériaux ou religieux, le mécénat des Fujiwara substitua des ensembles plus discrets, plus gais, temples privés ou habitations pour aristocrates qui y goûtaient, loin d'un monde perturbé, les joies simples et raffinées de l'amitié et de la contemplation. Transformées en sanctuaires à la mort de leurs maîtres, ces constructions, intimement mêlées à la nature, dont elles chantaient les lois, devinrent très naturellement des images terrestres du lointain paradis d'Amida, où les âmes douloureuses de cette époque difficile trouvaient un suprême espoir. Le plus beau fleuron en est le célèbre « pavillon du Phœnix » (Hōōdō) du Byōdōin, à Uji près de Kyōto. C'était à l'origine la villa du régent Fujiwara Yorimichi (992-1074). Irréelle image d'un oiseau en vol, il mire dans un étang épousant sa courbe ses trois pavillons, que relient deux galeries couvertes. On commença, par ailleurs, à jouer du mouvement des ensembles dissymétriques au sein d'un jardin qui deve-

nait partie intégrante de l'architecture : corps principaux de type chinois, couverts de tuiles vertes vernissées, y voisinaient avec des ermitages, maisons rustiques dont tout le charme résidait dans un traitement raffiné des harmonies des bois et du chaume.

UN SECRET : L'EFFICACITÉ

L'âge de Kamakura, qui, de nouveau, ouvrit le Japon au continent, coïncida avec une vague accrue d'influences chinoises. Les modèles venus autrefois de la Chine des T'ang avaient, en effet, tellement évolué qu'ils étaient désormais sentis comme intrinsèquement nippons, au point que tous les bâtiments du temps des Fujiwara, couverts de tuiles ou de chaume, furent indifféremment dépeints par le terme de wayō, voulant dire « conformes au style national ». Mais voici que la Chine des Song apportait aux hommes directs et pratiques qu'étaient les shōgun un secret répondant à leurs aspirations, celui de l'efficacité. Celui-ci avait été déjà révélé dès le milieu du XIIᵉ siècle, lors de la reconstruction du Tōdaiji : tous les composants de l'édifice, poutres et chevrons, avaient été calibrés afin d'accélérer le travail et de réduire les frais de main-d'œuvre. A cette rationalisation des procédés s'ajouta une grande audace de conception, symbolisée par la hardiesse des envolées courbes aux coins relevés des toits.

La vieille tradition des pavillons rustiques, reprise et systématisée sous l'influence des communautés zen, connut une vogue accrue : un parti pris général de simplicité et d'austérité animait la société des guerriers. L'exemple le plus évocateur d'une telle tradition est le reliquaire, ou shariden, de l'Engakuji, près de Kamakura. Ainsi, le nouvel engouement bucolique chinois (kara-yō) se surimposait au courant agreste japonais qu'il venait renforcer. Le goût chinois des jardins élaborés s'accordait pleinement avec la passion des Japonais pour la nature. Aussi vit-on dès l'âge de Heian se développer l'art des jardins, plus tard vivifié par le zen et bientôt promu au niveau d'un élément indispensable du cadre de vie avec la cérémonie du thé. Ainsi naquirent au cours des âges les austères jardins de roc et de sable comme celui du Ryōanji ou, conforme à une autre tradition, le « Jardin des mousses », poème de feuillages et de lichens autour d'un étang sinueux dont les méandres reproduisent les contours du caractère kokoro, le cœur.

Palais de Nijo-jo, à Kyōto.

DÉCOR TRADITIONNEL

Époque culminante des malheurs de la féodalité nippone, le shōgunat des Ashikaga — époque de Muromachi — vit néanmoins, en matière d'architecture, des innovations importantes. Celles-ci naquirent d'un double courant, fait de somptuosité pour les bâtiments officiels et de simplicité raffinée pour les demeures particulières, fussent-elles celles des shōgun. Ce qui, depuis, devint la maison japonaise traditionnelle apparut, en effet, à ce moment, à l'image du célèbre *Ginkakūji,* que le shōgun Ashikaga Yoshimasa fit bâtir à la fin du XVe siècle, au flanc montueux oriental de Kyōto : l'antique sol parqueté s'y couvrait entièrement de nattes *(tatami),* tandis qu'aux stores, paravents et tentures qui autrefois fermaient les entrecolonnements se substituaient les portes coulissantes *(fusuma),* dont les parois s'offrirent à la verve de plus en plus mouvementée et colorée des peintres. A l'extérieur, un porche *(genkan)* vint compléter le simple plan primitif, tandis qu'à l'intérieur fut aménagé, dans chaque pièce de réception, un emplacement d'exposition *(tokonoma) :* une peinture, un arrangement de fleurs ou bien une belle céramique, au gré du maître de maison, y étaient présentés comme une invite au plaisir esthétique. Des tablettes adaptées aux parois formèrent autant d'étagères *(tana),* tandis qu'une fenêtre ronde *(shōin)* vint éclairer un emplacement spécialement aménagé pour l'étude. A la maison principale s'ajoutait, enfouie au fond du jardin, un petit pavillon dont la simplicité confinait au dénuement : on s'y réunissait avec quelques amis pour goûter ensemble les joies de la cérémonie du thé.

Ce décor, systématisé à l'époque de Momoyama, donna plus tard naissance à l'architecture privée des premiers Tokugawa, dont la simplicité trompeuse était due, en fait, à l'emploi de matériaux aussi rares que coûteux. Le meilleur exemple en est la villa impériale de *Katsura* (conçue c. 1620), refuge estival d'un empereur sans pouvoir : jardins et maisons ne font qu'un dans une atmosphère intimiste attentive à chaque bruissement de feuilles. En revanche, un traitement résolument décoratif des mêmes structures aboutit à des constructions comme celle du palais *Nijō,* à Kyōto (début du XVIIe s.) : le caractère colossal des proportions ainsi que les ors dont luisent les cloisons, où bondissent des fauves, imposent l'idée de la puissance politique des maîtres d'alors.

Sculptures haniwa (V^{e} - VIIe s. av. J.-C.).

En effet, sous le shōgunat des Tokugawa, guerriers embourgeoisés, mais imbus de leur victoire et soucieux de maintenir l'ordre qu'ils avaient su restaurer, les structures essentielles évoluèrent peu; mais un goût baroque pour la surcharge ornementale et les décors à la manière des demeures chinoises des Ming (XIVe-XVIIe s.) vint creuser de plus en plus largement le fossé qui séparait édifices officiels, qu'ils fussent religieux, comme à Nikkō, ou administratifs, et résidences privées : celles-ci, malgré quelques innovations urbaines comme les maisons à un étage, se transformèrent peu dans l'ensemble, et leur composition, simple et dépouillée, resta jusqu'à nos jours la même.

Ainsi se profile la silhouette architecturale du Japon. Aujourd'hui on y voit triompher les formes hardies que permet le béton, résistant aux tremblements de terre. Ce sont, avec les châteaux forts conçus à l'époque de Momoyama afin de résister à la tourmente des guerres privées et au feu des premiers fusils, les seules lignes verticales d'un paysage autrefois traditionnellement horizontal.

PREMIÈRES SCULPTURES

Bien avant que la sculpture bouddhique n'eût apporté ses normes et ses techniques, les chasseurs-pêcheurs de l'époque jōmon modelaient dans l'argile les premières formes d'art que connut l'archipel. Motifs imprimés, spatulés ou guillochés, bourrelets, volutes et travail tourmenté des cols concourent à l'imbrication profonde de la forme et du décor, au point que toute la céramique jōmon semble avoir été, dans sa période d'épanouissement, conçue comme une sculpture. A côté figurent de petites statuettes de la fécondité *(dogu)* et des masques d'argile *(domen),* représentations schématiques de l'homme, dont l'éveil religieux se fit alors.

Disparues pendant toute la durée de l'époque yayoi, les statuettes en terre cuite réapparurent sous une forme nouvelle *(haniwa)* au temps des grandes sépultures. Les longs cylindres creux destinés primitivement à entourer les terres des tumuli devinrent bientôt autant d'objets décoratifs. Ils s'ornèrent en leur partie supérieure de figures humaines et animales, ils se

l'art

muèrent en maisons, en bateaux et en mobilier funéraire divers.

L'introduction du bouddhisme et la grande mutation de l'âge d'Asuka vinrent bouleverser matières et techniques. Du continent vinrent des statues servant d'exemples et des sculpteurs au service de la nouvelle foi. Le prince Shōtoku, désireux d'implanter profondément le nouvel art, favorisa ouvertement le talent des grands sculpteurs : le fameux Tori fut ainsi élevé à un haut rang parmi les dignitaires de la cour (605) pour avoir montré un savoir-faire particulier dans le traitement de deux images de Bouddha que lui avait commandées l'impératrice Suiko. Tori était originaire de Chine et on le connaissait pour ses actives convictions bouddhistes. La *Triade de Çakyamouni* (623), conservée au Hōryūji, et la *Kannon* du Yumedono, au même monastère, importèrent au Japon le style de la fin des Six Dynasties (VIᵉ s.) : élégantes, hiératiques et volontairement conventionnelles, elles ne craignent pas les déformations à effet comme l'élargissement démesuré du nimbe de la Triade ou l'allongement accentué de la Kannon. Ces figures divines, pleines de ferveur, mais souriant, les yeux ouverts, à la vie, se distinguent en cela des statues postérieures dont la réflexion et la joie sont abritées derrière les paupières baissées.

Une autre statue de la même déesse, un peu plus tardive et dite *Kudara*

Moroku Bosatsu (Asuka, 522-654), la plus ancienne sculpture de Kyōto.

Tête de bouddha sculptée dans une falaise à Usuki (IXᵉ - XIIᵉ s.).

Kannon, est inspirée davantage par le style des Souei, en Chine : dans son étirement vertical encore accentué, mais qui pourtant s'allie à une certaine rondeur des formes, elle évoque le glissement vers un plus grand respect des lignes humaines. A cette tendance appartiennent les deux bouddhas de bois : celui du Kōryūji, au bonnet coréen, et celui du Chūgūji (Hōryūji), coiffé d'un double chignon. Assis dans la même pose de calme méditation, la même douceur extra-terrestre les transfigure.

UNE GRANDE DIVERSITÉ DE MATIÈRES

Au début de l'époque de Nara (période Hakuhō, 645-710) et sous l'influence des premiers T'ang, la sculpture japonaise acquit volume et modelé et se fit toujours plus réaliste, malgré la grande spiritualité qui illuminait encore les visages. Tous les temples de la capitale se peuplèrent de divinités qui, comme la *Shō Kannon* du

Yakushiji ou le *Yakushinyorai* du Kofu-kūji, vibrent de tout le frémissement vital qui désormais anime les corps. Bientôt, cependant, la transformation du bouddhisme en religion d'Etat entraîne d'importants changements qui impriment un caractère particulier à l'art de l'ère Tempyō (729-749). La sculpture connaît un très grand développement et le perfectionnement des techniques autorise maintenant une grande diversité de matières : bronze, laque, terre cuite, bois, pierre. Peu à peu, le modèle chinois se transforme aux mains des artistes locaux. Si les proportions demeurent massives, plaquant au corps de leurs modèles de lourdes et souples draperies, à la manière continentale, le savant travail du bois, ainsi que les cannelures profondes marquant les plis des étoffes attestent l'habileté consommée des praticiens japonais. L'utilisation judicieuse de la laque permit la réalisation de véritables portraits, comme celui de l'*Ashura* du Kōfukūji ou l'étonnant visage en méditation du moine *Ganjin*, fondateur du Tōshōdaiji; elle servit aussi la verve caricaturale des artistes qui modelèrent les masques du théâtre Gigaku.

Le style des T'ang imprégna encore les œuvres du début de l'époque de Heian, mais l'abandon des rapports avec le continent, en 894, entraîna bientôt, là comme ailleurs, une individualisation des réalisations japonaises. Le grand développement des enseignements de la secte Tendai et de l'ésotérisme Shingon modifia profondément la vision des artistes. A la statuaire humaine des temps passés succédèrent alors des œuvres plus austères, plus élancées dans leurs proportions, plus complexes dans leur conception et leur symbolisme : il leur fallait traduire le rôle philosophique des puissances du Bien maîtrisant le Mal, afin de l'empêcher de nuire aux humains. La rigidité des règles iconographiques d'un tel art ne tarda pas à limiter sa liberté d'expression.

Le prodigieux développement des monastères et des temples ainsi que la nécessité de traduire en sculpture un panthéon toujours augmenté provoquèrent une transformation des techniques majeures : à la laque, au bronze, matières belles mais coûteuses, on substitua, dans la majorité des cas, le bois, richesse traditionnelle du Japon. Chaque objet, chapelle portative ou statue, dut primitivement être taillé dans un seul bloc : œuvres nobles, plus graves qu'autrefois, elles gagnaient en puissance et en volume ce qu'elles perdaient en réalisme.

A ce moment et sous l'influence de cette production pléthorique du bouddhisme, le shintō se mit à son tour à personnifier ses divinités, autrefois symbolisées seulement par le miroir et l'épée.

RAFFINEMENT DES FORMES

La seconde moitié de l'époque de Heian (Xe-XIIe s.) vit naître, dans un climat d'isolement et sous l'égide des puissants Fujiwara, un art aristocratique fait de raffinement et d'élégance. Malgré la fermeture officielle du Japon sur lui-même, c'est pourtant de Chine que vint une technique qui fut en son temps révolutionnaire. A la taille en un seul bloc, ou monoxyle, succédèrent les œuvres faites de plusieurs morceaux assemblés. Ce nouveau procédé fut porté à un point de haut perfectionnement par Jōchō (mort en 1057), auteur du célèbre *Amida nyōrai* en bois doré au Hōōdō du Byōdōin. Désormais, les artistes travaillèrent en groupes sur les pièces diverses d'une œuvre commune. Ainsi se rassembla autour de Jōchō le grand atelier de Sanjō (Troisième Rue), à Kyōto, dont l'exemple fit école.

Ces œuvres des derniers âges de Heian sont caractérisées par un grand raffinement des formes, élégantes, par une fluide draperie aux plis parallèles et par un goût prononcé pour la couleur ou le revêtement d'or. Leur graphisme s'accentua bientôt, influencé par la peinture, qui connaissait alors à la cour l'une de ses plus belles floraisons.

La mutation du Japon à l'époque de Kamakura engendra un art où se côtoyaient des apports continentaux de la Chine des Song en même temps qu'un retour archaïsant aux formes de l'époque de Nara. On entreprit, en effet, un long effort de restauration des trésors de l'ancienne capitale, dont les artistes s'efforcèrent alors de remplacer les œuvres disparues au cours des guerres civiles. Les deux tendances — chinoise et nationale — se fondirent dans un réalisme exacerbé, nerveux, dont les œuvres d'Unkei (fin du XIIe s.), et de Tankei descendant de Jōchō, son fils, sont les meilleurs témoins. Mais bientôt ce vigoureux renouveau de la sculpture tourna court et s'enlisa dans une stylisation conventionnelle ou un réalisme outré.

Ce goût affirmé du réalisme permit pourtant la réalisation de quelques très beaux portraits, dont celui d'Uesugino-Shigefusa est sans doute le plus illustre : larges pantalons bouffants et coiffe exagérément haute servent de

Bajira Taisho, l'un des onze généraux du Shin-Yakushiji, à Nara (VIIIe s.).

contrepoints inattendus à la massiveté de la silhouette.

Le déclin, cependant, commença immédiatement après la réalisation du gigantesque Bouddha de Kamakura (1252). Pour qu'autre chose apparût, il fallut attendre les XIVe-XVe siècles. A ce moment, les sculpteurs, trouvant une nouvelle source d'inspiration dans le drame lyrique du nō, produisirent pour lui leurs ultimes chefs-d'œuvre : masques paisibles, émouvants ou terrifiants, ils fixèrent ainsi à jamais dans la laque les passions humaines.

119

Dessin à
l'encre de Chine
par le moine
Shinkai (1282).
Daigoji, Kyōto.

DÉBUTS DE LA PEINTURE

Le dessin demeura longtemps, au Japon, pur jeu de graphisme géométrique, simple ornement tributaire de la poterie, dont il ne faisait qu'habiller les contours. C'est pourtant de l'abstraction de ce décor yayoi que naquit la première image graphique de l'homme : elle apparaît, stylisée, au flanc des cloches de bronze (dōtaku) sous la forme d'un personnage linéaire occupé au pilonnage du riz ou à la chasse. A la même époque, un étrange motif combinant des droites et des courbes (chokkomon) et figuré en saillie légère au dos de certains miroirs de facture japonaise apportait une note originale de simplicité abstraite. Ce même motif se retrouve gravé sur

les parois et les bat-flanc de certaines grandes sépultures du nord-Kyūshū. Et c'est dans ce haut lieu des contacts avec le continent que virent le jour les premières peintures connues au Japon : monde surnaturel accompagnant le mort dans l'au-delà, elles sont une représentation simplifiée, en gamme colorée limitée et mêlée de motifs plus particulièrement nippons, comme le soleil, des compositions qui recouvraient les murs des tombes chinoises et coréennes.

Mais c'est seulement avec le bouddhisme et le grand éveil de l'âge d'Asuka que l'art pictural, mis à l'école du continent par les artistes coréens, s'éleva à une haute perfection de conception et d'exécution. Témoins isolés de l'éveil d'une civilisation nouvelle, les parois laquées du tabernacle Tamamushi-zushi, au Hōryūji, reprodui-

sent une vision encore féerique de créatures divines évoluant dans un cadre végétal et minéral stylisé. Quelques décennies plus tard, l'influence des Souei et celle des premiers T'ang avaient déjà conduit à un plus grand réalisme. Les peintures murales du Hōryūji, réduites depuis l'incendie accidentel de 1949 à l'état de fantômes, évoquaient un monde puissant de personnages méditatifs et sereins, au trait délicat, mais ferme : leurs couleurs, vert cendré, noir et vermillon, ainsi que la facture générale des scènes rappellent la lointaine Touen-houang, conservatoire, depuis le VIe siècle, de la longue évolution de la peinture bouddhique chinoise.

Les techniques anciennes demeurèrent cependant et le portrait de la divinité Kichijōten, par exemple, au Yakushiji, doit tout son relief à l'opposition clas-

« Paysage
d'hiver »,
par Sesshū.
Musée de Tōkyō.

sique des ombres et de la lumière. Elle se distingue en cela de la vibrante beauté de la *Femme sous un arbre* du Shōsōin : le rose des chairs, plaqué sur un décor graphique encollé de plumes, y conserve toujours, malgré les siècles, l'éclatante fraîcheur de cette belle fille de l'ère Tempyo (VIIIe s.).

LA RECHERCHE DU DÉTAIL

La grande tradition des peintures bouddhiques se maintint jusqu'à la fin de l'âge de Kamakura, au XIVe siècle, mais la charge émotionnelle de l'amidisme assura, dès l'époque Heian, la fréquence de certains thèmes se prêtant mieux que d'autres à d'amples compositions décoratives ou anecdotiques. La descente d'Amida vers ses fidèles *(raigō)* devint ainsi un sujet favori, et la joie qui l'inspire permit l'introduction, dans les cadres chinois,

d'architectures et de paysages où une sensibilité et un goût bien japonais se donnèrent libre cours. Le pavillon central *(Hōōdō)* du Byōdōin (IXe s.), à Uji, transpose dans le même esprit en panneaux laqués les paysages des environs de Kyōto, tandis que cinquante-deux reliefs d'*apsaras* (déesses) musiciennes entraînent tout ce cadre dans une ronde surnaturelle. D'autres moments de la vie de Bouddha sont prétexte à l'évocation complaisante de scènes humaines, enveloppées de la dignité impliquée par le caractère divin du modèle : le *nirvāna*, par exemple, est l'occasion de représenter les fastes d'un enterrement somptueux. L'influence de la Chine des Song, sensible dès le XIIe siècle, vint redonner au graphisme primitif une force et une vigueur nouvelles matérialisées par la recherche du détail signifiant et le cerne noir qui enferme et souligne les

formes. Ce fut l'âge d'or du portrait : moines comme *Jion daishi* ou *Genzō*, hommes d'Etat aussi, plus tard, comme *Minamoto Yoritomo*. Ces figures calmes et résolues, qu'anime la certitude de trouver en elles-mêmes les ressources de leur propre épanouissement, ont transmis à la postérité le reflet héroïque du Japon médiéval.

Le bouddhisme, qui ainsi inspira et continua longtemps d'inspirer un courant puissant de la peinture japonaise, eut un rôle dont les conséquences dépassent le cadre étroit de la peinture religieuse. Essentiellement savant et chinois dans sa forme, il lui donna les normes qui, désacralisées et assouplies, se plièrent aux fantaisies de la peinture profane : rouleaux à l'horizontale, point d'aboutissement de l'ancien « volumen » qu'envahit l'illustration; rouleaux à la verticale, figure assagie des bannières déployées les

121

Ecole Tosa (XVIe s.), fragment de rouleau : « le Cheval emporté ». Musée Guimet.

...u Hōryūji, près de Nara.

jours de fête; prédilection pour les formes pleines, souples et charnues remplaçant l'antique jeu d'ombre et de modelé; vision « zéniste » des hommes et des choses saisis dans un aspect, éclair révélateur du tout.

UN MERVEILLEUX ROULEAU PEINT

Le genre du *yamato-e*, ou peintures à la japonaise, se développa à l'époque de Heian, officialisé par la création d'un Office impérial de la peinture (IXe s.). Ses débuts, modestes, furent consacrés à des œuvres descriptives, dans le goût chinois : recueils illustrant les quatre saisons, les sites connus, les travaux qu'il convient d'effectuer au fil des mois. A ces « encyclopédies illustrées » s'ajoutèrent bientôt des biographies en images ou des récits plus ou moins imaginaires *(monogatari)* : ce genre, limité aux rouleaux ou envahissant écrans et paravents, connut une grande fortune. Il s'alliait, en effet, merveilleusement à l'attirance de ce temps pour les romans, d'où naquirent précisément quelques-uns des princi-

paux chefs-d'œuvre de la littérature nationale. Le fameux *Roman de Genji* est ainsi, outre une œuvre littéraire, un merveilleux rouleau peint du XIIe siècle, un monde féerique de formes et de couleurs : dans des architectures privées de leur toit, sous l'enchantement saisonnier d'une végétation fleurie, apparaissent princes et princesses, longs cheveux et vêtements somptueux; le traitement allusif des visages qu'esquissent un ovale, un trait, une virgule, ainsi que l'éclat des ors et des couleurs en font l'image d'un rêve passionné, mais que ne viennent jamais troubler les vulgarités de la vie. Si les peintres confiaient ainsi aux rouleaux les mille et une folies de leur imagination, ils y consignaient aussi les événements dignes de mémoire. C'étaient parfois des œuvres aux fins morales, comme l'*Histoire du mont Shigi*, récit plein de vigueur et d'humour retraçant la fondation d'un monastère. Ce pouvait être aussi de féroces caricatures, comme ces « Caricatures d'oiseaux et d'animaux » du Kōzanji, images burlesques et zoomorphes de la vie monastique.

l'art

La montée au pouvoir de la classe des guerriers amena la vogue des récits épiques célébrant les hauts faits d'armes des âges passés : les *Récits illustrés des Fujiwara* ou bien les *Récits de la guerre de Heiji* (XIIIᵉ s.) vibrent ainsi de fureurs belliqueuses. A la technique allusive d'autrefois s'est substituée une tendance au réalisme : chaque visage, dont le regard filtre désormais à travers une pupille, a acquis son individualité. Vitesse et mouvement dans des scènes comme celle de l'*Histoire de Tomo no Dainagon* animent les compositions d'un art presque cinégraphique, si l'on ajoute à la dynamique figurée de l'œuvre le geste du « regardant » qui dévide le rouleau. Les thèmes édifiants n'en continuèrent pas moins d'être à la mode et les châtiments infernaux qui attendent dans l'au-delà les méchants de ce monde grouillent tout au long du *Rouleau des maladies*, de ceux des *Damnés faméliques* ou des *Enfers*.

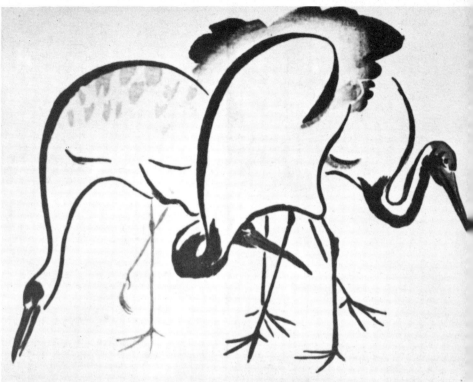

« Hérons », par Korin († 1716).
Coll. Vever.

L'ÉCOLE DES TOSA

L'époque de Muromachi (XIVᵉ-XVIᵉ s.) vit les mêmes tendances s'affirmer et la coupure se faire de plus en plus nette entre peintures à la japonaise *(yamato-e)* et peintures à la chinoise *(kanga-e)*, elles-mêmes héritières du vieux courant de paysages à la manière des T'ang *(kara-e)*.

La peinture à la japonaise, devenue privilège de l'école *Tosa*, attachée à la cour, évolua vers une recherche de plus en plus poussée des effets décoratifs, caractérisée par l'emploi sans cesse accru des ors : leur éclat illuminait discrètement et réchauffait les intérieurs, dont les portes à glissière devinrent autant d'éléments colorés. Des jeux de nuages, à l'étirement horizontal démesuré, vinrent encadrer les scènes et permettre leur compartimentage.

Opposé, tant dans ses buts que dans ses moyens, à tout ce qui recherchait l'effet, le paysage à la manière des Song connut alors aussi une faveur toute particulière : c'était, imprégné de bouddhisme tch'an (zen), le chantre des brumes de la Chine du Sud, d'où émerge, matière stable naissant du fluctuant, la silhouette massive ou tourmentée des montagnes. Bien que cette

Cavalier combattant;
école Tosa (XVIᵉ s.).
Musée Guimet.

peinture fût elle-même souvent exploitée à des fins plus décoratives qu'intellectuelles, elle nourrit cependant le génie du peintre japonais qui, par ses aspirations, son savoir et la nature de son talent, se rapproche sans doute le plus des paysagistes du continent : Sesshū (1420-1506). Eduqué à Kyōto, durant les dernières décennies de grandeur de la capitale avant sa ruine complète, Sesshū fut toujours hanté par la Chine, qu'il put enfin visiter. Il en revint comblé et désespéré, convaincu néanmoins de la fidélité des peintres japonais à leur grand modèle que le passage mongol avait stérilisé.

L'union de l'école des Tosa, Mitsunobu et Mitsuyoshi, avec celle de Kanō Motonobu, d'inspiration chinoise, produisit un genre mixte qui empruntait hardiment ses sujets tant au yamato-e qu'à la Chine : c'étaient de grandes compositions où les couleurs, d'une très grande vivacité, se mariaient à des fonds d'or et d'argent. Une observation naturaliste très sûre des formes jouait paradoxalement avec l'irréalité parfois affirmée des coloris. Amoureux de l'anecdote, les Kanō créèrent les célèbres « paravents des Barbares du Sud », images pittoresques des voyages portugais au Japon.

L'APOGÉE DANS TOUS LES DOMAINES

Avec l'avènement des Tokugawa au XVIIe siècle, l'école Kanō connut une gloire sans cesse accrue : devenue école officielle des shōgun et de la cour, elle se scinda en deux branches : celle d'Edo, qui, pendant deux siècles, poursuivit son œuvre sans beaucoup de changements, et celle de Kyōto. Le goût des shōgun vainqueurs ainsi que celui de la bourgeoisie, toujours plus riche et plus puissante quoi qu'en eussent pensé les théoriciens officiels, encouragea le talent des grands décorateurs.

Sōtatsu, Kōrin, Kenzan firent ainsi la gloire artistique de l'ère Genroku (1688-1704), apogée dans tous les domaines du shōgunat des Tokugawa. Envols d'oiseaux, vagues de la mer, champs d'iris en fleur, divinités ou scènes de genre laissent exploser toute la force de leur chatoiement lumineux. Les esprits studieux, cependant, malgré la fermeture officielle du Japon à l'étranger, n'avaient pas perdu le vieux modèle chinois et maintenaient, par la porte entrouverte de Nagasaki, l'influence de l'Empire du milieu. La peinture des lettrés (*bunjinga* ou *nanga*) connut ainsi au Japon un développement honorable, dont les œuvres

« Courtisane dans la barque », par Harunobu († 1770).

de Ike no Taiga (1722-1776), Gyogudō (1745-1820) ainsi que la production considérable de Tessai (1836-1924) représentent de bons exemples.

Le haut niveau des traditions décoratives, ainsi que l'importance sociale grandissante de la classe des marchands permirent bientôt le renouveau d'une vieille technique un peu oubliée. Connu au Japon, en fait, depuis le VIIIe siècle, l'art de l'estampe n'acquit vogue et grand savoir-faire qu'à la fin du XVIIe siècle. Les estampes furent

alors les joyeux témoins des curiosités, des tentations diverses et des beautés qui s'offraient au voyageur, au marchand, au petit colporteur sur le chemin de la ville lointaine : sortes d'aide-mémoire, de « souvenirs » colorés, on les conservait sans doute primitivement comme autant d'amusants rappels d'un voyage aventureux. Elles furent d'abord tirées en noir et rehaussées de couleurs, voire de poudre d'or, à la main. Mais, vers 1740, Masanobu innova l'impression en deux ou trois

« L'Etape Ishiyakushi »
(53 relais du « Tokaido »),
par Hiroshige
(† 1858).
Musée Guimet.

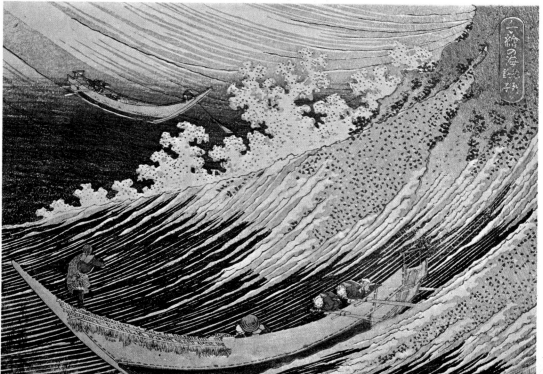

« Barques de pêcheurs
en face
de la côte de Choshi »,
par Hokusai († 1849).
Musée Guimet.

風俗浮世八景

哥麿筆

« *Jeune Femme*
tenant une coupe de saké
à la main »,
par Utamaro († 1806).

l'art

« *La Vague* », par Hokusai. Musée Guimet.

Sculpture moderne à Tōkyō.

couleurs, procédé que Harunobu reprit en le perfectionnant, vers 1760, pour imprimer ses portraits féminins. Ce fut dès lors l'âge d'or de l'estampe avec Shunshō, Utamaro. Mais bientôt, avec Hokusai (1760-1849) et Hiroshige (1797-1858), elle allait s'échapper des seules scènes de rues ou de maisons de plaisir pour évoquer, dans la simplicité de ses traits et la violence harmonieuse de ses couleurs, la diversité des paysages du beau Japon.

VERSION MODERNE

De nos jours, après la tourmente du renouveau de Meiji qui vint bouleverser sous le flot des innovations occidentales le vieux courant nippon des beaux-arts, un équilibre semble naître, les valeurs anciennes venant apporter des solutions originales au courant international.

Tōkyō, la plus vaste concentration urbaine du monde, requiert des architectes l'intelligence du futur : cité complètement détruite par le tremblement de terre de 1923, presque rasée une seconde fois par les bombardements et les incendies de la dernière guerre, elle est désormais une ville neuve et en perpétuel renouvellement. D'abord livrée à une croissance désordonnée, elle fut bientôt reprise en main par un urbanisme bâtisseur d'autoroutes et de gratte-ciel à l'américaine; elle se double aujourd'hui, en son centre, d'une cité souterraine où s'améliorent les techniques encore peu exploitées de ce nouveau type d'habitat. Mais, au-delà des schémas contemporains universels, se fait jour un courant nippon, directement inspiré de l'architecture traditionnelle : ainsi l'envolée des charpentes shintō a-t-elle inspiré au célèbre Tange le majestueux ensemble de la piscine et du gymnase olympiques (1964), tandis que le pavillon des Sports militaires (*Budōkan*) apparaît comme la version moderne et agrandie du Yumedono (Hōryūji). Et si la nouvelle église catholique est un étonnant vaisseau spatial de béton, c'est d'une transposition habile du célèbre Shōsōin de Nara que naquit le nouveau Théâtre Impérial.

Tradition revivifiée et modernisme le plus résolu se côtoient donc ainsi non seulement en architecture, où tout est si spectaculaire, mais également dans les autres domaines de l'art. Et dans l'art abstrait ainsi que dans les jeux de graphisme chers aux calligraphes nippons, comme, chez nous, à un Hartung ou à un Soulages, Orient et Occident ne se rencontrent-ils pas un peu?

La littérature

Ce n'est qu'au VIIIe siècle que les Japonais s'avisèrent d'écrire dans leur propre langue. Ne connaissant, en effet, d'autre système d'écriture que les idéogrammes chinois qui leur étaient parvenus vers le IVe siècle avec d'autres éléments de la culture continentale, ils avaient préféré jusque-là, pour les besoins aussi bien administratifs que religieux, user de la langue de leurs voisins, qui joua longtemps encore un rôle analogue à celui du latin dans l'Europe du Moyen Age.

Si la littérature proprement japonaise ne s'étend, par conséquent, que sur une durée inférieure à treize siècles, elle n'en est pas moins l'une des plus abondantes du monde en volume et l'une des plus riches en chefs-d'œuvre de valeur universelle.

LES COMPILATIONS

Le VIIIe siècle est marqué par la fondation de la première capitale, la ville de Nara (708), conçue sur le modèle de la métropole de l'empire des T'ang. L'une des premières préoccupations du gouvernement, qui entendait faire de la dynastie du Yamato l'égale des « souverains de l'Ouest », fut d'ordonner la rédaction d'une double chronique destinée à affirmer ces prétentions au-dedans et au-dehors.
La première, rédigée en 712 par Ō no Yasumaro, sur l'ordre de l'impératrice Gemmyō, était le *Kojiki*, les « Notes sur les faits du passé ». Dès l'an 682, l'empereur Temmu avait chargé un certain Hieda no Are de « graver dans sa mémoire » tables généalogiques et faits mémorables, après en avoir « redressé les erreurs », en d'autres termes de faire, en les expurgeant, une synthèse des traditions conservées

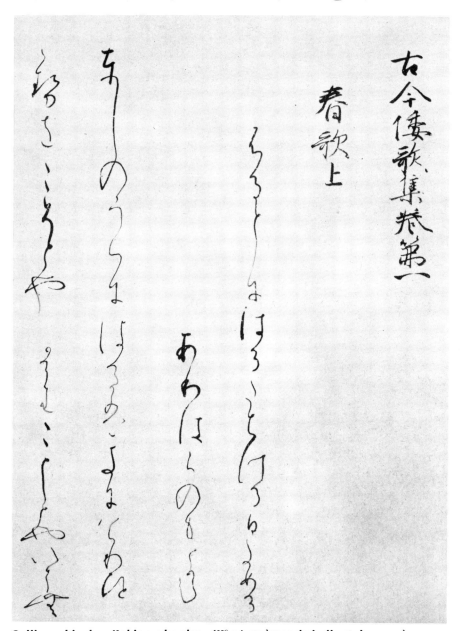

Calligraphie du « Kokin waka shu » (Xe s.), poèmes de jadis et de naguère.

dans les divers clans, afin de les adapter aux thèses officielles sur la légitimité de droit divin du clan du Yamato. Le *Kojiki* sera donc rédigé, trente ans plus tard, sous la dictée de Hieda no Are, et cela en langage autochtone. De ses trois livres, le premier retrace la naissance du monde avant de rattacher la dynastie, par une suite de généalogies divines, aux dieux démiurges, en passant par la souveraine céleste Amaterasu ō mi kami, la « Grande-Divinité-qui-illumine-le-

Ciel », autrement dit le Soleil. Les deux derniers livres se présentent comme une chronique des règnes, de Jimmu, « premier souverain humain », à Suiko (fin du VIe s.).
Dès 720, on rédige une deuxième chronique, toujours sous la direction de Yasumaro, mais en chinois cette fois; instrument de politique étrangère, cette « Chronique du Japon », *Nihon shoki*, ne consacre que deux livres sur trente aux origines mythiques, l'accent étant mis sur les « règnes humains »,

décrits en termes plus réalistes, « à la chinoise »; au besoin, on n'hésitait pas à meubler le récit en empruntant au voisin des épisodes dûment maquillés.

Le troisième volet de cet ensemble de documents historico-politiques devait être constitué par des « notes sur les coutumes et les terres », *fudōki*, inventaire complet des provinces et de leurs ressources, précisé par diverses indications toponymiques et la relation des « vieilles traditions conservees par les Anciens ». Le décret de 713 qui en ordonnait la rédaction fut suivi de façon très inégale, et cinq *fudōki* seulement nous sont parvenus à peu près complets. Ils n'en représentent pas moins une source inestimable pour les ethnologues.

La seconde moitié du siècle est marquée par la compilation du *Manyōshū* (vers 760), anthologie monumentale de la poésie en « langue du Yamato ». Près de quatre mille cinq cents poèmes, répartis en vingt livres, composent cette somme du génie poétique insulaire; plus de quatre mille sont des *tanka*, « poèmes courts » de trente et une syllabes, réparties selon la formule 5-7-5/7-7; le recueil contient, d'autre part, 260 *chōka*, « poèmes longs », faits d'une succession de groupes 5-7 et terminés par un verset 5-7-7, ainsi que 62 *sedōka* de deux couplets 5-7-7. Chōka et sedōka disparaîtront totalement par la suite, et pendant près d'un millénaire le *tanka* sera le *waka*, le « poème japonais » par excellence.

L'ÂGE D'OR DE LA PROSE POÉTIQUE

Dans les dernières années du VIIIe siècle, la capitale est tranférée dans un site nouveau, au nord de Nara : ce sera *Heiankyo*, la « Capitale de la paix », plus tard nommée Kyōto. Au palais de Heian se développe une civilisation courtoise d'un raffinement incomparable, dont la poésie et les lettres seront l'une des préoccupations majeures. Dès 905, le poète Ki no Tsurayuki est chargé, par l'empereur Daigo, de compiler une suite au *Manyōshū*. Ce sera le *Kokin waka shū*, « Recueil de *waka* de jadis et naguère », en tête duquel Tsurayuki place une préface qui est le premier « Art poétique » de la poésie nationale.

Le même Tsurayuki devait, en 935, composer le premier journal intime en prose japonaise, illustré de waka : nommé gouverneur de la province de Tosa, il relate, dans son « Journal de Tosa », *Tosa nikki*, son voyage de

retour par mer. Ce n'est du reste pas la toute première œuvre en prose des lettres japonaises, puisque l'on connaît deux textes de la fin du IXe siècle, mais anonymes ceux-là : le *Taketori monogatari*, le « Conte du coupeur de bambous », sorte de conte de fées où l'on voit une princesse de la Lune exilée sur la Terre; et surtout les « Contes d'Ise », *Ise monogatari*, suite de 125 anecdotes d'origine et de longueur variables, rapportées par la suite au poète Ariwara no Narihira (824-880), prétextes à autant de waka, dont ils ne sont souvent que le commentaire.

Ces trois ouvrages donnaient le ton, en prouvant que l'on pouvait faire œuvre d'art en langue japonaise. Dans un premier temps, les femmes surtout en useront, les hommes continuant à écrire en chinois leurs journaux ou leurs poèmes. La fin du Xe siècle verra donc une floraison extraordinaire de *nikki* (journaux) et de *monogatari* (dits), à peu près exclusivement féminins. Citons, entre autres, le délicat et spirituel « Journal d'une éphémère », *Kagerō no nikki*, tenu de 954 à 974, par la « mère du ministre Michitsuna »; le « Dit de l'arbre creux », *Utsubo monogatari*, longue élaboration romanesque, gâtée malheureusement par l'abus d'un merveilleux de convention; le « Dit de la cave », *Ochikubo monogatari*, habile variation sur le thème de Cendrillon.

LE « DIT DU GENJI »

Quelques décennies encore, et ce sera le génial « Dit du Genji », *Genji monogatari*, de la dame Murasaki Shikibu. De l'auteur, dame d'honneur de l'impératrice, nous ne savons que peu de choses : ce qu'elle-même nous en dit dans un fragment de son journal, des années 1008 à 1010. Ce roman-fleuve, qui pourrait bien être le chef-d'œuvre de la littérature romanesque de tous les pays et de tous les temps, est une fresque monumentale, en 54 livres, de toute une société courtoise qui gravite autour des deux héros : le Genji, fils d'un empereur et d'une favorite, puis son fils présumé, le prince Kaoru. Le récit, qui s'étend sur une cinquantaine d'années, en décrit minutieusement les intrigues subtiles et futiles, les passions féroces et implacables sous une urbanité de façade imposée par une étiquette compliquée et tatillonne, dans ce microcosme où la critique d'art est une affaire d'Etat, où les amours d'un prince entraînent des conséquences politiques incalculables, où le sentiment de l'impermanence fait soudain se jeter en un monastère empereurs et princesses.

Presque au même moment une compagne de Murasaki, la dame Sei Shōnagon, inaugure un genre nouveau, dérivé du nikki, le *zuihitsu*, « écrit au fil du pinceau » : c'est le *Makura no*

Détail d'un rouleau du « Heiji monogatari » (XIIIe s.). Musée des Beaux-Arts de Boston.

sōshi, suite de quelque trois cents notes jetées sur le papier au hasard de l'événement ou de la réflexion et qui donnent de la cour de Heian une image extraordinairement vivante. Ce sont de petites scènes prises sur le vif et dont les acteurs sont les habitants du palais, depuis l'empereur jusqu'à son chat, des énumérations spirituelles, incisives, féroces de « choses agréables, déplaisantes, ridicules, irritantes, ennuyeuses », etc.

Nikki et monogatari du siècle suivant souffrent de la comparaison, d'autant plus que le souci d'imiter ces chefs-d'œuvre est souvent apparent. Nous retiendrons, malgré tout, les « Contes du Conseiller de la Digue », *Tsutsumi chunagon monogatari*, recueil de dix nouvelles pleines d'inventions baroques, où le pastiche délibéré s'élève à la hauteur d'un art; et parmi les *nikki*, l'insolite *Sarashina nikki*, journal d'une provinciale, grande lectrice de monogatari.

LITTÉRATURE HISTORIQUE

A partir de la fin du XIe siècle, la réalité du pouvoir échappe peu à peu à l'aristocratie de cour; une nouvelle classe sociale s'affirme, celle des gens de guerre. Leurs chefs sont issus de clans d'extraction impériale à qui l'on avait imprudemment confié la défense des marches, afin de les éloigner de la capitale. Leur revanche viendra au XIIe siècle, lorsque les factions de la cour rechercheront leur appui, ce qui fera d'eux les arbitres des intrigues de sérail. Ce régime, dont le chef est une sorte de maire du palais, le *shōgun*, se perpétuera jusqu'en 1868. Mais le pouvoir du shōgun sera sans cesse contesté par d'autres féodaux, et pendant quatre siècles le pays sera déchiré par des guerres qui ne prendront fin qu'avec l'instauration, en 1603, de la dynastie shōgunale des Tokugawa.

La première ambition de tous ces chefs de guerre est de se faire admettre dans les rangs de l'aristocratie. C'est dire qu'ils cherchent à assimiler la culture de la capitale, qui se trouve ainsi diffusée jusque dans les provinces les plus lointaines. La pratique du waka n'est plus l'apanage exclusif des gens de cour : le plus grand poète du début du XIIIe siècle est Minamoto no Sanetomo (1192-1219), le troisième shōgun, qui n'a de sa vie quitté Kamakura.

Mais la conséquence la plus importante des guerres du XIIe siècle en matière littéraire est sans conteste l'apparition d'une épopée, forme orale et populaire du récit historique. L'épopée japonaise n'est toutefois pas une création spontanée des siècles primitifs; elle dérive d'une forme de littérature écrite de la fin de la période de Heian, proche de ce que nous appellerions le « roman historique ».

Le premier du genre avait été le « Dit de magnificence », *Eiga monogatari*, des premières années du XIIe siècle, dont le modèle est visiblement le Genji, mais dont le héros est un personnage historique, Fujiwara no Michinaga, l'illustre ministre de l'an 1000. A peu près de la même époque date le premier des *kagami*, des « miroirs » de l'histoire; « le Grand Miroir », *Ō kagami*, retrace les événements de deux siècles sous la forme d'un dialogue entre deux personnages fictifs, dont les récits se complètent et se compensent, amorçant ainsi une véritable critique historique.

ANECDOTES ET ÉPOPÉES

Parallèlement se développait l'usage de composer des recueils d'anecdotes, dont le *Konjaku monogatari*, « Contes de jadis et naguère », attribué à Minamoto no Takakuni (1004-1077), est de loin le plus intéressant; pour la première fois, on voit apparaître dans certains de ces contes les classes sociales que les *monogatari* courtois ignoraient, guerriers et gens du peuple.

Les événements de la fin du XIIe siècle stimuleront ce goût de l'histoire vécue; trois monogatari les relatent de façon suivie : le *Hōgen monogatari*, pour les années 1156-1184, le *Heiji monogatari* (1158-1199) et enfin le *Heike monogatari*, la « Geste des Hei (ou Taira) ».

Illustration du « Gengi monogatari » (XIIᵉ s.),
de Murasaki Shikibu. Le prince Gengi est à gauche.

Or, il existe du *Hōgen* et du *Heiji* deux versions, l'une littéraire, faite pour la lecture, l'autre délayée, oratoire, encombrée de digressions qui font parfois appel au merveilleux, bref remaniée pour la déclamation.

Or, c'est là, précisément, que se situe la naissance de l'épopée : le troisième volet du triptyque, le *Heike*, n'est plus connu, en effet, que sous sa forme épique, en 12 livres, mais on a pu établir que lui aussi dérive d'une première version écrite, infiniment plus condensée, puisqu'en 3 livres, comme chacun des deux premiers. On peut donc tenir pour établi que ce chant épique, que disaient des « moines » aveugles qui s'accompagnaient du luth appelé *biwa* (les *biwa hōshi*, ou « moines au biwa »), résulte de la transformation, par rhapsodies successives, de textes écrits par et pour des lettrés, en une forme de littérature orale, déclamée par des chanteurs ambulants, aux carrefours aussi bien que dans les châteaux.

Pareil mode de diffusion supposait que l'intérêt de l'histoire contée pût toucher un vaste public, et que la langue employée fût comprise de tous. Conditions que remplissaient précisément les guerres du XIIᵉ siècle, qui, par les mouvements de troupes et de populations qu'elles avaient déterminés, avaient concerné le pays tout entier et contribué à la formation d'une langue commune. Le *Heike*, en imposant partout cette langue nouvelle, source directe du japonais moderne, devenait de la sorte le point de départ de toute la littérature postérieure.

Cette véritable révolution fut parachevée aux XIVᵉ et XVᵉ siècles par d'autres cycles épiques : le *Taiheiki*, « Chronique de la Grande Paix », qui rapporte en 40 livres l'histoire de cinquante années de troubles, de 1318 à 1367; le *Gikeiki*, la « Chronique de Yoshitsune »; le *Soga monogatari*, qui conte la vendetta des frères Soga, à la fin du XIIᵉ siècle.

DE L'ÉPOPÉE AU THÉÂTRE

Le nō. — Jusqu'au XIIIᵉ siècle, le Japon n'avait connu, en fait de spectacles, que des farces ou des chorégraphies, ces dernières souvent de caractère liturgique. Les thèmes épiques, introduits dans les « danses agrestes » *(dengaku)* et les « danses de singes » *(sarugaku)*, conduiront en quelques décennies à la création du *nō*, la première des trois formes classiques du théâtre, dont le génie de Kanami (1333-1384) et surtout celui de son fils Zeami (1363-1443) feront l'un des modes d'expression les plus raffinés de l'art dramatique.

Auteur, acteur et metteur en scène, Zeami est aussi un très grand poète, qui composa près de la moitié du répertoire du *nō*, en s'inspirant de toute la littérature antérieure, du *Manyōshū* à l'épopée. Mais son principal titre de gloire est la rédaction, à partir de 1400, d'une série de traités dont l'ensemble constitue la « tradition secrète du *nō* ». Les conditions du succès sont analysées minutieusement, notamment la nécessaire « concordance » psychologique qui doit faire communier les trois participants du spectacle : l'auteur, l'acteur et le spectateur.

Les sōshi. — La littérature écrite des XVᵉ et XVIᵉ siècles est constituée par des centaines de *sōshi* (« écrits », par opposition aux *monogatari*, « dits », faits, à l'origine du moins, pour être lus à haute voix). Sous cette appellation qui désigne des œuvres généralement très courtes, on trouve un peu de tout : pastiches plus ou moins adroits des monogatari de Heian, fragments épiques, apologues moraux, récits de voyages, contes du folklore, récits de miracles *(sekkyō)*, histoires d'animaux au comportement humain. De ces sōshi dériveront, au XVIᵉ siècle, deux genres nouveaux : les *kana sōshi* (« écrits en caractères phonétiques »), recueils imprimés qui sont à l'origine d'une nouvelle manière romanesque, et les *jōruri*, notamment les *sekkyō jōruri*, qui deviendront les supports du théâtre de marionnettes.

Les jōruri. — Sōshi épiques et sekkyō semblent avoir été, pour partie du moins, colportés par les « moines au biwa ». On peut donc les considérer dans une certaine mesure comme une descendance bâtarde de l'épopée. Or, l'un de ces récits de miracles connut, au cours du XVIᵉ siècle, une faveur extraordinaire, de sorte que, par un développement analogue à celui des grandes épopées, il finit par donner naissance à un cycle pseudo-épique des enfances de Yoshitsune, le *Jōruri junidan sōshi*, l' « Histoire de Jōruri en douze épisodes » (vers 1570), qui conte les amours du héros avec une imaginaire demoiselle Jōruri, puis sa mort et sa résurrection miraculeuse. Le succès, dû en partie au remplacement de l'antique biwa par le *shamisen*, guitare à trois cordes, véritable instrument d'accompagnement et non plus simplement de ponctuation, fut tel que le nom de *jōruri* désigna bientôt tout récit interprété de cette manière. Ce furent d'abord des *sekkyō jōruri*, légendes pieuses, que concurrencèrent très vite les grands thèmes épiques dont les héros favoris furent une fois de plus Yoshitsune et les Soga. Ces *ko jōruri*, ou « Jōruri anciens », avaient, vers 1620, supplanté les vieilles épopées dans la faveur du petit peuple des « trois métropoles » : Kyōto, Ōsaka et Edo. Le dialogue y prenait une part croissante, de sorte que, quand le chanteur Menukiya Chōsaburō, vers 1630, fit illustrer ses récits par des montreurs de marionnettes, on pouvait constater que, pour la seconde fois, la récitation épique avait engendré une forme de théâtre.

LES TROIS GRANDS

La paix restaurée par les Tokugawa après quatre siècles de guerres civiles devait se traduire en littérature par un second âge d'or, à la fin du XVII⁰ siècle. Trois écrivains de génie — les Trois Grands — illustrent alors les trois principaux genres : Bashō le poète, Saikaku le romancier, et Chikamatsu Monzaemon le dramaturge.

Bashō et le haibun. — Le waka avait connu de grandes heures aux environs de l'an 1200 avec le moine Saigyō (1118-1190), Fujiwara no Sadaie (1161-1241), le compilateur du *Shin kokin waka shū*, et le shōgun Minamoto no Sanetomo (1192-1219). Mais déjà se répandait la mode du « poème lié en chaîne », *Kusari renga*, formé par une alternance de versets 5-7-5 (*hokku*) et 7-7 (*ageku*), composés à tour de rôle par plusieurs poètes. Cette sorte de jeu de société se répandit dans toutes les classes sociales et devint au XV⁰ siècle, lorsqu'il se débarrassa des règles du *waka* classique, le « renga libre », *haikai renga*, ou *haikai*. L'usage s'instaura de ne conserver des « chaînes » que les hokku les mieux venus, de sorte que l'on en vint à considérer ces *haikai hokku*, ou *haiku* de dix-sept syllabes, comme une forme d'expression complète en soi. Certains auteurs utilisè-

rent de tels haiku pour illustrer des textes en prose (*bun*), procédé auquel on donna le nom de *haibun*.

Matsuo Bashō (1643-1694) porta ce genre à la perfection. Issu d'une famille de *bushi* (guerriers), libéré de ses liens de vassalité par la mort de son seigneur, il s'était, en 1681, installé à Edo en son « Ermitage-au-Bananier », *Bashō an*, d'où son pseudonyme. Le reste de sa vie fut partagé entre la méditation, la poésie et de lointains voyages. En plus de milliers

Le poète Bashō, suivi d'un disciple.

Sei Shonagon et le poète Fujiwara Yukinari.

de haiku recueillis par ses disciples, son œuvre comporte une centaine de haibun, cinq récits de voyages (*kikō*) et deux journaux poétiques (*nikki*). Le chef-d'œuvre en est l'*Oku no hosomichi*, « la Sente étroite du Bout-du-Monde », récit d'un voyage dans les provinces du Nord.

Saikaku et les « ukiyo sōshi ». — Ihara Saikaku (1642-1693), riche marchand d'Ōsaka, avait lui aussi pratiqué le haikai en virtuose. Vers la quarantaine, il s'était retiré des affaires pour consacrer le reste de sa vie aux voyages et aux lettres. Introduisant dans le style des sōshi le rythme et la concision du haikai, il crée alors un nouveau genre romanesque, celui des *ukiyo sōshi*, « récits du monde éphémère ». Il en publie seize recueils en douze ans, qui composent une sorte de *Comédie humaine* de son temps : récits d'amour et de passion, histoires de marchands, de guerriers, contes de la ville et des provinces. Telle est son influence que pendant plus d'un demi-siècle après sa mort les romanciers n'écriront plus que des ukiyo sōshi.

Chikamatsu et le jōruri. — Ce que Saikaku fut aux sōshi, Chikamatsu Monzaemon (1653-1724) le sera aux jōruri. Après quelques dizaines de récits « à la manière ancienne », la rencontre, en 1686, de Takemoto Gidayū, qui venait de renouveler les techniques de la récitation, l'incite à

Chikamatsu Monzaemon.

133

composer des pièces se rapprochant, par leur structure, de plus en plus du drame, où les passages narratifs ou lyriques qui mettent en valeur le talent du chanteur se distinguent plus nettement du dialogue. L'inspiration est encore principalement épique dans les « drames historiques » qui composent la majeure partie (une centaine de pièces) de son œuvre. Cependant, en 1703, Chikamatsu porte sur la scène, pour la première fois, un fait divers *(sewa)* tragique emprunté à l'actualité immédiate. Vingt-trois autres pièces de ce type suivirent, parmi lesquelles la plupart des chefs-d'œuvre du dramaturge. Ce dernier s'était également intéressé au *kabuki*, théâtre d'acteurs qu'il eût sans doute préféré aux marionnettes si les techniques en eussent été plus évoluées; il avait composé une trentaine de pièces quand la mort, en 1709, de son interprète favori, Sakata Tōjūrō, l'en détourna définitivement. Chikamatsu, inventeur du théâtre dramatique, peut être considéré comme le plus grand des écrivains japonais, avec Murasaki Shikibu, et ce n'est pas sans raison qu'on a pu le surnommer le « Shakespeare du Japon ».

LE SIÈCLE D'EDO

Vers le milieu du XVIIIe siècle, Edo, la capitale administrative fondée par les Tokugawa, commençait à menacer sérieusement la suprématie économique et culturelle d'Ōsaka. Une nombreuse population, de gens de guerre et de fonctionnaires d'abord, puis de marchands, s'était, en effet, installée autour du château du shōgun, et tout le Japon peu à peu se mettait à la mode d'Edo.

Les Tokugawa, qui attachaient une grande importance aux idées politiques confucéennes, avaient fondé une sorte d'université sinologique dont la présence faisait d'Edo le centre intellectuel du pays. On y commentait activement les classiques chinois, et de nombreux *kangakusha* (sinologues) s'y distinguèrent, dont les travaux présentent un intérêt de tout premier ordre pour l'étude de l'histoire des idées en Extrême-Orient.

Face à ces sinologues apparaissait une école de philologues « japonisants », les *kokugakusha*, qui tentaient de réhabiliter les lettres nationales. Shaku Keichū (1640-1701), qui publiait en 1690 sa grande étude sur le *Manyōshū*, préconisait l'étude directe des textes, par-delà les commentaires séculaires. Kada Azumamaro (1669-1736) engageait ces recherches sur

La richesse et la pauvreté. « Contes de pluie et de lune » d'Akinari.

l' « esprit du Yamato » dans une voie politique, en les opposant aux idées chinoises et bouddhiques; ce sera le point de départ du *shintō* d'Etat, fondement idéologique du « nipponisme » totalitaire moderne. Motoori Norinaga (1731-1801) voulait retrouver les vertus primitives dans le *Kojiki;* le commentaire exhaustif qu'il en procura, le *Kojikiden*, est un modèle de méthode et de conscience, qui fait encore autorité sur de nombreux points.

Dans le domaine proprement littéraire, toutefois, le plus influent des *Kokugakusha* fut Ueda Akinari (1734-1809). Il consacra, certes, la part la plus importante de son œuvre à la philologie, mais l'étude attentive du *Manyōshū*, de l'*Ise monogatari* et du *Genji monogatari* lui inspira la création d'un style narratif nouveau, synthèse de la manière de l'*ukiyo sōshi*, qu'il avait lui-même pratiquée à ses débuts, et de celle des *monogatari*. Avec ses « Contes de pluie et de lune », *Ugetsu monogatari* (1775), recueil de contes fantastiques, il donnait le chef-d'œuvre de la prose de son siècle, en même temps que le modèle d'un genre romanesque nouveau, celui des *yomi-bon*, des « livres de lecture », que devaient illustrer Santō Kyōden (1761-1816) et Takisawa Bakin (1767-1848).

LIVRES PLAISANTS ET DRAMES POPULAIRES

Kyōden s'était signalé d'abord par des « livres plaisants », *share-bon*, qui lui avaient valu quelques ennuis en raison de leur caractère scabreux; il se racheta par la suite en publiant des *yomi-bon* aux intentions moralisatrices un peu trop appuyées. Bakin se voudra, lui aussi, moraliste, dans ses interminables romans de chevalerie, dont l'histoire allégorique des « Huit Chiens de Satomi », *Satomi hakken den* (1814-1842), qui fit les délices de plusieurs générations de lettrés; son « Arc tendu en forme de croissant de lune », *Yumi hari zuki*, inspiré du *Hōgen monogatari*, et illustré par Hokusai, procure

Takisawa Bakin.

par moments le plaisir que l'on éprouve à lire les vieilles épopées.
Parallèlement à cette littérature sérieuse, le siècle d'Edo est marqué par un foisonnement d'opuscules illustrés, descendance bâtarde des *ukiyo-sōshi* : les *kusa sōshi*, classés, selon la couleur de leur couverture, en « livres jaunes, rouges, noirs ou bleus »; les « livres plaisants » aussi, qui sont dans l'ensemble plutôt vulgaires et souvent bassement licencieux; les « livres drolatiques » enfin, les *kokkei-bon*, que deux écrivains authentiques, Ikku et Samba, élevèrent au-dessus de la médiocrité générale.
Jippensha Ikku (1765-1831) s'était taillé un beau succès comme feuilletoniste; en 1802, il entreprenait la publication d'une sorte de guide burlesque et picaresque de la route de Kyōto à Edo, le *Tōkai dōchū hizakurige*, « Voyage du Tōkai-dō sur le destrier Genou », qui fut achevé en 1822.
Shikitei Samba (1775-1822) présente dans l'*Ukiyo buro*, « Au bain public », et l'*Ukiyo-doko*, « Chez le barbier », un tableau complet de la vie à Edo, sous la forme de dialogues à bâtons rompus entre clients de ces deux types d'établissements où les distinctions de rang et de fortune s'abolissent pour une heure.
Edo était devenu, d'autre part, à la fin du XVIIIe siècle, le lieu d'élection du théâtre. Le *kabuki*, théâtre d'acteurs issu des spectacles de bateleurs, s'était formé à Kyōto dans les premières décennies du XVIIe siècle; de là, il s'était répandu à Ōsaka et à Edo. Chikamatsu avait failli lui donner un contenu littéraire, mais son retour aux marionnettes, puis le perfectionnement technique de celles-ci avaient porté un rude coup au kabuki, qui s'était replié sur Edo, où son jeu se perfectionna, sans cesser de rester un spectacle vulgaire.

Vers 1750, cependant, le public se lassant des poupées, le kabuki fit un retour triomphal en empruntant à celles-ci leur répertoire. Les dramaturges, à leur tour, se détournèrent du jōruri pour créer un type de drame spécifique qui fera du kabuki la troisième forme classique du théâtre japonais. Deux auteurs s'illustrèrent tout particulièrement dans ce genre : Tsuruga Namboku (1755-1829), qui excella dans le drame fantastique, et surtout Kawatake Mokuami (1816-1893), qui fut au kabuki ce que Zeami avait été au nō et Chikamatsu au jōruri. Issu du quartier du port d'Edo, comme Ikku et Samba, il avait de naissance la vivacité, l'humour, l'ironie et la truculence du petit peuple de cette ville, qualités que l'on retrouve dans ses drames populaires; grand lettré et subtil dialoguiste, il sut en même temps faire les délices des connaisseurs par ses pièces historiques et ses adaptations lyriques et chorégraphiques de nō; dans la dernière partie de son œuvre, enfin, contemporaine de la restauration de Meiji, son ironie s'exerça avec une grande finesse aux dépens du bourgeois « évolué » dont le snobisme s'évertue à singer l'Occident.

UN VULGARISATEUR INFATIGABLE

La chute des Tokugawa, la restauration impériale et l'ouverture du pays à la culture occidentale mettaient en cause toute l'ancienne civilisation édifiée sur l'apport chinois du Ve au VIIIe siècle. Le nouveau Japon avait besoin d'une littérature rénovée, ouverte aux préoccupations actuelles, voire utilitaires. La vieille langue littéraire qui perpétuait des structures de l'an 1000 et dont la langue parlée s'était éloignée autant que, par exemple, l'italien du latin, ne pouvait répondre aux exigences de la

diffusion massive de l'information par le livre aussi bien que par la presse.
C'est ce que comprit un Fukuzawa Yukichi (1834-1901), vulgarisateur infatigable des idées et des sciences occidentales, fondateur du premier journal et de la première université modernes du Japon, dont les ouvrages atteignirent des tirages sans précédent (700 000 exemplaires pour les 17 volumes de la « Promotion des sciences », *Gakumon no susume*, 1872-1876) : il écrivait, en effet, dans une langue rajeunie, proche de l'expression parlée, qui « pût être comprise par une servante venue des montagnes qui entendrait lire de l'autre côté d'une cloison ».
D'autres continuaient à utiliser les techniques classiques pour l'instruction des lecteurs : des histoires « à la manière occidentale », souvent fantaisistes du reste, étaient écrites dans le style des « livres drolatiques » ou autres. Des « traductions » aussi paraissaient, qui n'étaient souvent que des adaptations fort libres en langue littéraire, voire en chinois scolastique; ce que l'on y cherchait, c'était avant tout les « secrets de l'Occident », ce qui fit commettre d'étranges contresens; c'est ainsi que l'on tint quelque temps les romans de Jules Verne pour des documents géographiques ou scientifiques (mais, un siècle plus tard, nos critiques littéraires voient encore du zen ou de l'ésotérisme dans le plus banal roman japonais!).
La même époque connut l'éclosion du « roman politique », parfois allégorique à la manière de Bakin. Il fallut, en fait, attendre l'arrivée d'une génération nouvelle pour voir mûrir le grain semé par Fukuzawa Yukichi. C'est, en effet, du manifeste de Tsubouchi Shōyō (1859-1935), *Shōsetsu shinzui*, la « Moelle du roman », publié en 1885, que l'on peut dater l'essor de la littérature du nouveau Japon; prenant le contre-pied des conceptions utilitaires, il affirme que les lettres sont un art qui doit être le fidèle reflet de son temps. Traducteur de Shakespeare, Tsubouchi ne s'oppose pas moins aux « réformateurs » à tous crins en prenant la défense du kabuki et de Mokuami.
Ses thèses seront mises en pratique par le groupe des « Amis de l'écritoire », *Ken yū sha*, parmi lesquels on trouvera pour la première fois des romanciers qui sauront faire la synthèse entre un « romantisme » d'inspiration européenne et la manière des classiques japonais, de Saikaku en particulier; le chef-d'œuvre de cette école reste le « Démon de l'or », *Konjiki yasha*, d'Ozaki Kōyō (1867-1903).

« Sacrifice humain », estampe d'Hokusai pour une œuvre de Bakin.

la littérature

Shimazaki Tōson.

Shiga Naoya.

Kawabata Yasunari.

DE L'ÈRE MEIJI À L'ÈRE TAISHŌ

Mais bientôt la découverte du naturalisme et la vogue de Zola et de Maupassant amenaient une réaction contre le romantisme, avec Nagai Kafū (1879-1959) et surtout Shimazaki Tōson (1872-1943), le plus important sans doute des écrivains de cette époque. Dans une série de *watakushi shōsetsu*, de « romans à la première personne », celui-ci relate minutieusement sa propre histoire et celle de sa famille; œuvre exemplaire que viendra couron-

ner, en 1935, un roman historique, *Yoake mae*, « Avant l'aube », qui retrace l'histoire de Meiji vue par un notable de province dont le modèle est le propre père de l'auteur.

Deux autres écrivains, qui s'étaient tenus à l'écart des querelles d'écoles, marquent la fin de l'ère Meiji : Mori Ōgai (1862-1922), médecin et haut fonctionnaire qui, après une série de traductions de l'allemand, publiait en 1910 un roman « anti-naturaliste », intitulé *Vita sexualis*; après la mort de l'empereur (1912), son inquiétude devant l'évolution du régime se traduira dans *Ka no yō ni*, « Comme si... »; il s'attachera enfin, dans une suite de romans historiques, à montrer que tout, dans le passé national, n'est pas condamnable; Natsume Sōseki (1867-1916), professeur d'anglais, qui, dans une suite de romans, exprime le désarroi de l'intellectuel face aux incohérences d'une société sur laquelle il se sent en avance, quand elle-même s'essouffle dans une mutation brutale.

Contre le naturalisme triomphant s'élèvent les jeunes idéalistes de la revue *Shirakawa* (« le Bouleau »). Se réclamant de Mori Ogai, de Tolstoï, de Maeterlinck, ils professent des conceptions utopiques qui ne résisteront guère au déferlement du socialisme d'après guerre. Du groupe se détachent Arishima Takeo (1878-1923) et surtout Shiga Naoya (né en 1883), que l'on a pu comparer à André Gide : sa « Route dans les ténèbres » *(An ya kōro)*, autobiographique, reste l'un des grands romans du demi-siècle.

Mais l'écrivain le plus authentique de l'ère Taishō (1912-1926), en marge de toutes les modes et de toutes les écoles, est sans conteste Akutagawa Ryūnosuke (1892-1927). Son œuvre est faite tout entière d'écrits courts, d'inspiration très diverse : récits du Japon ancien empruntés au *Konjaku monogatari*, légendes chrétiennes du XVIᵉ siècle, fragments autobiographiques, satire politique et sociale, recueils d'aphorismes.

LA LITTÉRATURE DEPUIS 1926

La vie littéraire est surtout dominée par les impératifs politiques. Aux cercles d'écrivains de gauche, qui se regroupent en 1928 dans la N. A. P. F., la « Fédération des artistes prolétariens », bientôt déchirée par des dissensions internes, s'opposent les « néosensationnistes », qui se réclament de Paul Morand et dont les principaux représentants sont Yokomitsu Riichi (1898-1947) et Kawabata Yasunari.
Parmi les prolétariens que les suites de

l'« Incident de Mandchourie » (1931) réduiront au silence, il faut citer Kobayashi Takiji (1903-1933), militant communiste qui mourut au cours d'un « interrogatoire » de police, pour son admirable « Bateau-usine » *(Kani kōsen)*, le meilleur des romans de cette tendance, en même temps qu'un pamphlet d'une rare violence.

Dans les dix années qui suivent, seuls quelques romanciers « arrivés » pourront poursuivre leur œuvre dans la mesure où elle s'écarte des préoccupations politiques. Encore renonceront-ils parfois à publier, comme le fit Tanizaki Junichiro, dont le détachement même parut suspect à la censure, et qui interrompit la publication de son chef-d'œuvre, *Sasame yuki* (« Fine Neige »), pour traduire le *Genji monogatari* en langue moderne.

L'après-guerre connut de ce fait une intense activité littéraire, malgré l'interdiction qui frappa pour un temps les auteurs compromis avec le régime totalitaire. Les autres avaient à rattraper les retards accumulés, tandis qu'une nouvelle génération s'imposait, principalement avec une littérature de témoignages vécus. Les années 1945-1950 voient apparaître d'innombrables romans de guerre, parmi lesquels il faut mentionner au moins les « Feux dans la plaine » *(Nobi)* d'Ōoka Shōhei, d'une intensité dans l'horreur rarement atteinte.

Vers 1950, cependant, la littérature pure reprend ses droits. Kawabata Yasunari entame alors une seconde carrière avec des romans d'un style très travaillé, aux limites de la préciosité, dont la diffusion en Occident lui vaudra, en 1968, un prix Nobel (il sera le premier lauréat japonais).

Les controverses aussi reprennent, écho parfois de polémiques planétaires : ainsi du problème de l'engagement de l'écrivain ou de celui, plus général encore, de la liberté de l'artiste. La plus retentissante fut celle qui entoura le procès fait à Itō Sei (né en 1905) pour sa traduction de l'*Amant de lady Chatterley*, au nom de l'ordre public et des bonnes mœurs. Itō fut condamné, mais le procès n'en était pas moins gagné dans l'opinion, grâce à la position prise par l'ensemble de la presse. L'apparition des moyens de diffusion massive joue, du reste, plus qu'en aucun autre pays, un rôle de premier plan dans certains succès fracassants. Plus que jamais, il faudra attendre que retombent les effets d'une publicité parfois douteuse pour juger de la valeur réelle de jeunes romanciers, dont la provocation gratuite n'est que trop souvent le principal atout.

« *Vue de l'intérieur du théâtre à Yédo* », *par Kunimaru.*

THÉÂTRE JAPONAIS

Les trois formes du théâtre classique japonais, le nō, le jōruri et le kabuki, sont nées au Japon même, à l'abri de toute influence extérieure, et dans des conditions parfaitement connues. Il y avait certes, parmi les éléments de la culture chinoise importés du Ve au VIIIe siècle, des chorégraphies, conservées jusqu'à nos jours sous le nom de *bugaku*, ainsi que des spectacles de foire, les *sangaku*, très vite assimilés et transformés en *sarugaku*, ou « singeries ». Mais les quelques échos que l'on en retrouve dans le théâtre, six ou huit siècles plus tard, sont — mise à part la théorie musicale du *bugaku* — si peu de chose qu'il serait abusif d'en inférer une véritable filiation.

LE NŌ

Le *n*ō résulte de la combinaison des techniques musicales et chorégraphiques du bugaku avec les danses magico-religieuses des *shushi* (« exorcistes »), les « danses agrestes » *(dengaku)*, les danses liturgiques du shintō *(kagura)* et les *sarugaku* en général, synthèse que vient parfaire, au XIVe siècle, l'emprunt des thèmes de l'épopée et de la littérature de Heian. Les deux Kanze, Kan'ami et son fils Zeami, donneront à cet art nouveau, dont ils définissent les règles, une forme qu'il a conservée presque sans altération jusqu'à nos jours. Zeami est

Nō : *l'étrange apparence du personnage principal.*

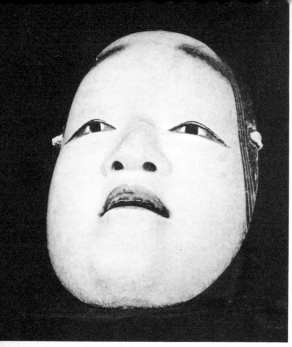

Masque nō du XVIIIᵉ siècle.

l'auteur de près de la moitié du répertoire actuel, et c'est lui aussi qui, très probablement, imagina la manière très particulière dont l'anecdote est traitée dans la plupart des pièces et qui fait du nō un spectacle que l'on pourrait qualifier de surréaliste avant la lettre.

Dans notre théâtre, en effet, l'acteur est censé incarner un personnage, historique ou fictif, dont il revit les actes devant un spectateur qui, pour la durée de la représentation, est invité à se transporter dans le temps même de l'action. Dans le nō, par contre (du moins dans les pièces dites « d'apparition », qui composent la majeure partie du répertoire), l'action est supposée achevée, depuis des siècles parfois; le spectateur vit dans son temps propre, et c'est une émanation du héros, son « spectre », qu'une passion qui lui survit attache au lieu du drame, qui vient répéter devant nous les gestes essentiels de son passé. Cette fiction est rendue vraisemblable par la présence sur la scène d'un médium, le *waki*, un moine généralement, contemporain, lui, du spectateur, qui « évoque » l'esprit et provoque de sa part une sorte de confession. La plupart du temps, il est suggéré, voire précisé, que l'apparition n'est qu'un rêve du *waki*, que la rencontre s'est donc produite « au carrefour des songes », *yume no chimata*, où s'abolissent le temps et l'espace, où le monde des vivants et des morts, celui des dieux et des bouddhas se rejoignent et s'interpénètrent.

L'action, dans ces conditions, n'est pas nécessairement retracée dans son déroulement logique; en fait, elle sera présentée successivement sous trois angles différents : une première fois, dans un dialogue entre le waki et l'acteur principal *(shite)*, qui se montre sous les apparences d'une personne ordinaire et ne révèle son identité qu'après avoir fait un récit subjectif des événements; une seconde fois, après la « disparition » du *shite*, sous la forme d'une narration objective faite au waki par un « habitant des lieux », incarné par un acteur spécialisé dans les *kyōgen* (farces servant d'intermède entre deux nō); une dernière fois, enfin, par le shite, qui porte maintenant le costume et le masque caractérisant le héros, et qui revit l'action par la voix et par le geste, dans une sorte de danse-pantomime commentée par le chœur, allusive et fragmentée, incohérente comme une vision de rêve.

Ce caractère onirique est souligné par le masque que seul porte le shite, et dont l'impassibilité, corrigée par de subtils jeux de lumière qui lui donnent une sorte de vie irréelle, marque la distance qui le sépare du waki au visage découvert. L'orchestration, de même — une flûte et deux ou trois tambours renforcés par les cris modulés des instrumentistes —, contribue très efficacement à cet effet de distanciation, en provoquant chez l'auditeur un état quasi hypnotique. La totale absence de décors enfin, qui met en relief la richesse de costumes d'un symbolisme presque abstrait, permet à l'imagination de reconstruire librement le paysage, le climat, l'atmosphère où se meut le personnage insaisissable venu de l'au-delà de la mémoire des hommes.

LE JŌRURI

Dérivé en droite ligne de la déclamation épique, le *jōruri* donne naissance à une nouvelle forme de spectacle lorsque les chanteurs, vers le milieu du XVIIᵉ siècle, s'associent avec des marionnettistes qui illustrent leurs récits : ce sera le *ningyō jōruri*, « jōruri avec poupées », plus connu aujourd'hui sous l'appellation de *bunraku*, du nom d'un directeur de salle du XIXᵉ siècle.

Chikamatsu Monzaemon, le plus grand dramaturge japonais de tous les temps, faute d'autres interprètes, car ses essais avec les acteurs du kabuki l'ont déçu, écrira la majeure partie de son œuvre pour les marionnettes, et de ce fait le « théâtre de poupées » deviendra un spectacle classique; la

seconde conséquence en sera que, Chikamatsu disparu, on cherchera à ranimer l'intérêt du public en améliorant les techniques, au point que les marionnettes d'Ōsaka atteindront une manière de perfection unique au monde.

Ce que l'on peut voir de nos jours, en effet, ce sont les poupées et la mise en scène dans la forme que leur donnèrent le maître animateur Yoshida Bunzaburō et le régisseur-auteur Takeda Izumo, aux environs de 1730.

Les acteurs de ce spectacle sont des simulacres de grande taille (1,20 m en moyenne), pesant avec leur costume une vingtaine de kilogrammes. Pour les faire vivre, il faut trois hommes : le maître, qui tient de la main gauche le manche qui prolonge le cou, de la droite la main droite de la poupée; il est surélevé par rapport à ses aides par des chaussures en bois hautes d'une quarantaine de centimètres; des deux aides, l'un manipule la main gauche, l'autre les pieds du personnage. La tête, les mains et les pieds sont en bois sculpté et peint; de petits leviers sur les manches qui prolongent ces éléments permettent d'actionner les yeux, la bouche (parfois même le nez), ainsi que les phalanges articulées. Le corps même de la poupée est constitué par le vêtement, qui repose sur une sorte de portemanteau simulant les épaules; la tête est fichée sur cette pièce par un trou ménagé en son milieu. La main qui tient la tête passe par une fente pratiquée dans le dos du costume, de telle sorte que le bras de l'animateur remplit la poitrine de la marionnette, à laquelle il donne sa consistance.

Il résulte de tout cela que le maître tient la poupée devant lui, son coude prenant normalement appui sur sa propre poitrine. Et c'est cette attitude, imposée par le poids de l'ensemble, qui finalement donne sa vie propre à l'interprète, dont les gestes sont les gestes mêmes de l'animateur, transmis directement, sans intermédiaire mécanique; la poupée est ainsi « animée » au sens littéral, au point de « respirer » au rythme du maître; ses mouvements ont une aisance si naturelle, sans la moindre saccade, que l'on pourrait dire qu'elle est une extraversion de l'homme, une sorte de « masque total » dans lequel il se projette tout entier.

Les aides sont dissimulés par un costume noir surmonté d'une cagoule, noire également; le maître porte le même costume dans les « drames actuels », mais dans les pièces historiques, au contraire, il porte des vête-

Marionnettes de jōruri (ou bunraku), dans une pièce du XVIIIᵉ siècle.

ments dont les riches coloris sont calculés pour faire ressortir, par contraste, les couleurs du costume de la poupée. Le jeu, de toute manière, est si parfait que l'on oublie très vite la présence des hommes, dont l'impassibilité absolue s'oppose à la mobilité de cette humanité de bois et d'étoffe qu'ils font vivre, de sorte que celle-ci devient une humanité vraie, à laquelle le spectateur croit au point d'en assimiler les sentiments et les actes.

Cette illusion même donne une nouvelle dimension au drame. Les noires silhouettes qui dominent les personnages finissent, en effet, par suggérer une sorte de matérialisation du destin qui les mène au dénouement tragique, auquel ils tentent en vain de se soustraire par des paroles et des actes dérisoires, que leur dicte la voix incantatoire du chanteur assis sur le côté droit de la scène, voix si exactement ajustée au geste qu'elle semble provenir, sans aucun truquage, de l'intérieur même du petit acteur.

LE KABUKI

Le *kabuki* avait été d'abord, dans les premières années du XVIIᵉ siècle, un spectacle de danses exécutées par des femmes, auxquelles s'étaient associés des acteurs de farces venus du nō. La scène ayant été interdite aux femmes, puis aux éphèbes, l'usage s'imposa, vers 1650, de confier les rôles féminins à des travestis spécialisés dans cet emploi.

Les danses avaient peu à peu cédé la place à une sorte de *Commedia dell'arte*, les acteurs improvisant leurs répliques en suivant un canevas proposé. L'un des premiers, Chikamatsu avait tenté de donner au kabuki un contenu littéraire, en composant des dialogues, les acteurs interprétant librement les enchaînements. Déçu par cette expérience, il avait finalement écrit pour les marionnettes, et la vogue que celles-ci y gagnèrent retarda pour un demi-siècle le développement du kabuki.

Ce dernier connut cependant, sous une forme encore grossière, la « manière rude » (aragoto), une grande faveur auprès du public plus fruste d'Edo. Les pièces représentées étaient généralement courtes, l'action violente, tous les effets grossis jusqu'à la caricature. Des acteurs de grand talent, à qui ne manqua sans doute qu'un répertoire digne d'eux, portèrent les techniques corporelles et scéniques à un degré de perfection rare qui conquit au kabuki les applaudissements d'un public lassé des poupées, lorsque vers 1750 il en vint à leur emprunter leur répertoire. Ce n'est toutefois qu'à la fin du XVIIIᵉ siècle, et surtout au XIXᵉ, que ce théâtre d'acteurs trouve enfin des auteurs à sa mesure, dont le plus illustre fut Kawatake Mokuami.

De son histoire mouvementée, le kabuki a conservé un répertoire d'une grande diversité, groupant dans un même programme des genres analogues au drame ou à la comédie, à l'opéra ou au ballet, à l'opérette ou même aux spectacles de variété. Longtemps tenu pour populaire, voire vulgaire, il fait aujourd'hui figure de théâtre classique, mais c'est un théâtre vivant pour lequel écrivains, chorégraphes, musiciens ou décorateurs travaillent encore volontiers.

Le kabuki se joue dans de grandes salles, des foules d'acteurs évoluent sur des scènes immenses, dans des décors exubérants qu'une machinerie complexe et un plateau tournant permettent de changer à vue; les costumes d'une richesse éblouissante, les toiles de fond signées parfois par les peintres les plus connus, rien n'est épargné pour faire du kabuki l'un des spectacles les plus étonnants du monde.

Scène de kabuki, tirée d'une pièce de Chikamatsu.

La musique

Famille jouant de la flûte en bambou, ou shakuhachi.

Jusqu'alors, en effet, le peuple japonais avait seulement chanté, et le *Kojiki* a conservé un bon nombre de textes qui traduisent son culte des dieux, la joie, l'amour, la prière et parfois même une satire savoureuse de certaines coutumes. Cependant que la musique se charge très tôt d'un pouvoir magique, capable en d'autres occasions d'exalter l'énergie des guerriers (le *Kumeuta*, dont l'origine remonte à une expédition de l'empereur Jimmu dans la province de Yamato et qui demeure l'une des plus anciennes chansons connues, fut considéré comme l'élément déterminant de la victoire sur *Uta no Eukashi*). C'est pourquoi l'empereur Temmu, qui s'inspira, dit-on, d'une mélodie entendue en songe pour prendre une importante décision, ordonna que tous les chanteurs et joueurs de flûte transmettent leur art à leur descendance et forment des disciples.

Quand le bouddhisme fut introduit officiellement (552) avec ses psalmodies et ses accompagnements rituels du *wagon* (harpe horizontale à six cordes), de la flûte à six trous et de certains tambours aujourd'hui disparus, ce fut pour le Japon une révolution capable de susciter des miracles. Feuilletons les annales. En 553, « le ciel retentissait de psalmodies aussi fortes que le tonnerre et, entourée d'une

Quand Puccini entreprit la composition de *Madame Butterfly*, il demanda à l'actrice japonaise Sada Yacco des précisions sur la musique populaire de son pays et l'évoqua fort habilement dans des touches rappelant la gamme pentatonique et la sonorité particulière aux instruments primitifs.

« Orientalisme de pacotille », ont dit les grincheux. C'était cependant le premier coup de phare qu'un artiste occidental ait donné à un univers jusqu'alors inconnu et dont la richesse a conquis, en moins d'un demi-siècle, les milieux musicaux du monde entier.

Alors que, dans la plupart des cas, les anciens types de musique ont été remplacés par les nouveaux, le Japon présente même cette originalité d'avoir préservé les siens, voire ceux de l'âge primitif, jusqu'à nos jours.

DE LA PRÉHISTOIRE À L'ÉPOQUE DE KAMAKURA

La découverte des cloches du début de l'âge de bronze et des flûtes de pierre comme on en trouve en Corée n'a pu que confirmer la présence de la musique au Japon dès l'époque préhistorique.

Il faut attendre cependant les premiers siècles de l'ère chrétienne pour avoir des témoignages plus précis et plus significatifs coïncidant avec l'introduction de nouveaux instruments et les débuts de la musique instrumentale.

Notations musicales japonaises.

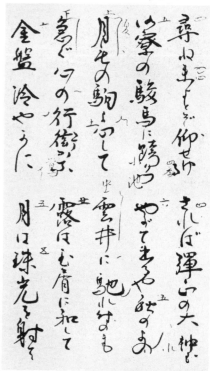

splendeur étrange, une grande pièce de camphre flottait sur le rivage dont on sculpta deux statuettes de Bouddha ». Et, en 1643, « une apparition céleste montrait un concert des bodhisattva jouant des luths, des harpes, des orgues à bouche, en accompagnant la psalmodie... ».

Instruments et mélodies originales venant de l'Inde, à travers la Chine et la Corée, permettront au Japon un épanouissement de sa musique dès la fin de l'époque de Nara. Epanouissement qui consacre l'influence de l'étranger, mais qui, par réaction, remet en honneur l'ancienne musique sacrée du pays. En 848, on voit apparaître des *gakunin*, musiciens de cour et fonctionnaires de la musique, dont le rôle sera précisément de transmettre les traditions de père en fils et qui, après onze siècles, le tiennent aujourd'hui encore. C'est à eux, notamment, que nous devons de connaître le *gagaku* tel qu'il était joué à la cour des empereurs de l'époque Heian.

Le *gagaku* (de *gaku*, musique, et *ga*, bon goût), musique noble accompagnant certains rites religieux ou certaines cérémonies de l'aristocratie japonaise, comprend une partie vocale soutenue par un orchestre et une partie purement instrumentale. L'orchestre n'est pas le même suivant que les mélodies se réclament de l'influence chinoise ou coréenne. L'un est à gauche et comprend trois instruments à vent (une flûte à sept trous, le *kitchiriki*, petit hautbois primitif au timbre très aigu, et le *sho*, sorte de flûte de Pan à dix-sept tuyaux en bambou), deux instruments à cordes (le *biwa*, sorte de luth dérivé du nefer égyptien, et le *koto*, cithare ou harpe horizontale) et trois percussions. L'autre est à droite et comprend seulement cinq instruments, les vents et les percussions. On sait qu'Olivier Messiaen, dans la pièce centrale de ses « Haïkaï », a évoqué le gagaku avec les mêmes accords grinçants au-dessus de la mélodie, « comme le ciel, disent les Japonais, est au-dessus de la terre ».

Le koto, instrument national et que la guitare n'a pas entièrement réussi à détrôner, a toutefois subi bien des transformations depuis que, en l'an 673, une belle dame de la cour de Temmu avait appris à en jouer sous la conduite d'un mystique chinois, et le nombre de ses cordes a lui-même varié de une (le plaintif *itchigenkin* du Xe siècle) à vingt-cinq (le *kaku-koto*), avant de s'arrêter à treize. Avec le *shakuhachi*, flûte en bambou à cinq trous, il était encore, dans l'entre-deux-guerres, le confident des duos roma-

nesques, et les trois ongles d'ivoire fixés sur le pouce, l'index et le majeur de la main qui en attaquait les cordes ont fréquemment déchaîné le lyrisme des chroniqueurs.

« LE CHEMIN DE LA PLUS HAUTE FLEUR »

La grande réforme bouddhiste de la fin du XIIe siècle marque le déclin temporaire du gagaku et un nouvel essor du *shomyo* (littéralement « voix radieuse »), sorte de plain-chant sans accompagnement instrumental qui soutenait la récitation des sūtras. Les différentes sectes (Shingon, Tendai, etc.) avaient jusqu'alors leurs traditions propres dans le choix, l'interprétation et la notation des pièces de shomyo et l'ère de remaniements qui correspond au début de l'époque de Kamakura voit une tentative pour en systématiser la théorie et les classer selon les modes et les rythmes.

De plus en plus, également, ces psalmodies allaient être accompagnées au *mosobiwa*, sorte de luth dont jouaient les moines aveugles. En 1185, la rivalité entre les deux familles Taira et Minamoto inspirait même à un de ces moines, nommé Shobutsu, une épopée

dérivée du shomyo et conçue avec un support instrumental de *biwa*. C'est aussi à l'époque où le shakuhachi mettait ses sons perçants au service de la propagande pour telle ou telle secte bouddhiste et pouvait, à l'occasion, quand il était fait d'un solide bambou avec beaucoup de nœuds à la base, être utilisé comme une arme, en temps de guerre ou d'émeute!

Deux siècles plus tard, une des formes les plus importantes de la musique traditionnelle japonaise était créée par Zeami sous le nom de nō. Il s'agissait de longs poèmes chantés et mimés avec orchestre et qu'on présentait à l'occasion des fêtes shintoïques pour le divertissement musical du peuple. Une ou plusieurs danses y étaient incorporées, sans rapport avec le sujet, et Zeami, aussi habile chorégraphe que parfait maître ès arts, s'y produisit lui-même jusqu'à ses derniers jours (80 ans!). La moitié environ des 200 nō que nous possédons, sur un répertoire qui, à l'origine, en comptait 2 000, sont de lui, et nous y percevons aisément la fusion de la tradition musicale profane et des psalmodies bouddhistes. « Le chemin de la plus haute fleur » est le plus célèbre de ces nō dont l'orchestre se compose uniquement d'une flûte

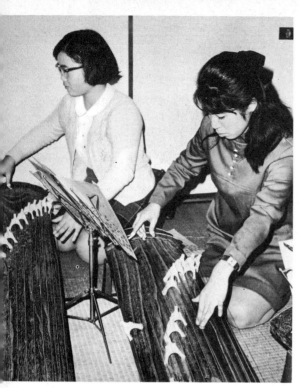

Joueuses de koto.

traversière et de deux étranges tambours, sans paroi, en forme de sablier. Musique dépouillée, mais fascinante.

Pendant plusieurs siècles, poètes et compositeurs consacrèrent l'union de la musique avec la littérature nationale, et ce fut ensuite la révolution culturelle consécutive à l'avènement de la bourgeoisie et grâce à laquelle la musique populaire prit un essor qu'elle n'avait jamais connu auparavant. C'est au cours de cette période, coïncidant avec l'ère Tokugawa, que le shakuhachi trouva sa forme définitive et que le shamisen devint le grand rival du koto auprès d'amateurs appartenant à toutes les classes de la société.

DE LA MUSIQUE SHAMISEN AUX CÉRÉMONIES DU « SHINTO »

Le *shamisen*, luth à trois cordes comparable au san-hsien chinois, était arrivé des îles Ryū kyū en 1562, mais il se transforma rapidement, et sur sa caisse, autrefois tendue de peau de serpent, on adapta notamment de la peau de chien (s'il était de qualité inférieure) ou de chat (de qualité supérieure). Les cordes, attaquées avec un plectrum en ivoire, donnent un son nasal très différent du timbre argentin du koto, et son jeu facile en fait le soutien idéal de la danse et du chant. Bien qu'il soit devenu l'instrument de

prédilection des geishas, on le trouve, aujourd'hui encore, entre les mains des musiciens professionnels et certaines pièces relativement récentes (en particulier celles du kotiste aveugle Miyagui) l'ont uni au koto ou au shakuhachi. C'est ainsi que Jean Cocteau dans *Mon premier voyage* évoque « cinq joueuses de ces longues mandolines qui se grattent à l'aide d'une palette d'ivoire, cinq musiciennes frappant des tambours cylindriques avec des bâtons de bois ou des tambours semblables à des sabliers avec une baguette de bronze, et cinq flûtistes qui terminent ce guignol sacerdotal... ».

C'est dans un des genres réservés au shamisen, le *katari mono*, que nous trouvons l'expression la plus caractéristique de la musique japonaise et, dans le style narratif, une fascination vocale inconnue à l'Europe. Le katari mono est, du reste, à l'origine du populaire *Naniwabushi*, que les anciennes coutumes et les vertus nationales n'ont pas fini d'alimenter : sens du devoir, exaltation de la nature humaine...

Rappelons, par ailleurs, que l'une des plus célèbres mélodies du *nagauta* (autre genre réservé au shamisen) est citée plusieurs fois par Puccini dans *Madame Butterfly*, avec le *oyedo nihonbashi* qui accompagnait jadis les processions seigneuriales sur le fameux pont de Takanowa.

Parallèlement au développement de la musique populaire, la musique religieuse, et spécialement shintoïque, bénéficie, au XVIIIe siècle, de l'établissement d'un système philosophique qui ne doit plus rien qu'au Japon et qui commande, à ce titre, un retour aux traditions nationales du gagaku et même du nō. Ce sera la résurrection du *kagura* (littéralement « siège de Dieu »), exécuté dès le IIe siècle et qui s'applique aujourd'hui à deux cérémonies, l'une officielle et célébrée au palais impérial *(mikagura)* et l'autre privée et qui se déroule dans les différents sanctuaires *(satokagura)*. Le touriste, qu'il soit croyant ou non, s'étonnera que les paroles autant que la musique de ces cérémonies soient entièrement dépourvues de caractère religieux et que les hymnes ou les interventions instrumentales ne coïncident jamais avec l'exercice du culte à l'intérieur du sanctuaire. C'est à la fin des prières devant le miroir sacré que les feux du parvis s'allument et que les musiciens peuvent tour à tour évoquer l'esprit divin *(torimono)*, divertir les dieux *(kosaibari)* et les reconduire *(hoshi)*, avant de conclure sur des chansons à boire *(zoka)*! L'ensemble se prolonge de cinq heures du soir au

cœur de la nuit et on affirme qu'au Xe siècle il s'étendait aisément jusqu'à l'aube du lendemain...

FENÊTRE SUR L'OCCIDENT

On croit rêver en pensant à une tradition entretenue depuis plus de neuf cents ans et dont l'esprit a longtemps freiné l'introduction au Japon de la musique occidentale.

Dès le milieu du XVIe siècle, saint François Xavier présentait cependant un orgue à Uchi Yoshitaka et, peu après, les missionnaires portugais apportaient des instruments tels que harpes, violons, flûtes et clavecins, qu'on désignait alors sous le nom de « cheveux roux »! Au début du XVIIe siècle, un recueil de musique religieuse fut même édité à Nagasaki. Mais deux siècles devaient pourtant s'écouler avant l'ouverture définitive de la fenêtre... ou de la lucarne, si l'on précise que c'est par les musiques militaires que le Japon prit contact avec le grand art européen!

Anglais, Allemands, Américains et Français peuvent, à ce titre, revendiquer l'honneur d'avoir fourni des exemples et des professeurs, Franz Eckert notamment, avant que les plus doués des musiciens nippons viennent étudier dans les grandes capitales européennes. En 1879, un Institut musical était créé à Tōkyō pour étudier et unifier les méthodes d'enseignement, et, en 1887, il devenait l'Académie musicale, première institution japo-

Femme jouant du shamisen.

naise entièrement consacrée à l'étude de la musique.

Dès lors, un snobisme occidental s'empara du public, aidé par la fascination qu'exerçait l'Europe dans la mode ou les mœurs (soirées dansantes notamment!) et les premiers concerts d'orchestre ou de musique de chambre connurent un succès considérable.

De grands artistes comme Prokofiev, Kreisler ou Heifetz y vinrent ensuite donner des récitals, et l'exode des musiciens russes après la révolution de 1917 les amena fréquemment à traverser le pays en allant aux Etats-Unis. Il ne manquait plus au Japon que d'avoir des compositeurs auxquels les grands modèles occidentaux désignent une voie différente de l'école nationale, ses shamisens et ses kotos. Le premier fut Kosaku Yamada, élève de Max Bruch, dont les opéras et les pages instrumentales, conçus dans le style germanique, font encore autorité, bien que le meilleur de son inspiration se soit manifesté dans ses œuvres vocales. Egalement formé à l'école allemande, Saburo Moroi, qui se veut « antimoderne », a su équilibrer sa carrière de créateur avec les exigences du professorat, et la plupart des musiciens de la jeune génération lui ont une dette de reconnaissance, même si leur esthétique personnelle a évolué en fonction des perspectives ouvertes par l'école viennoise, Cage ou Messiaen.

Aujourd'hui, comme dans toutes les grandes nations, les tendances les plus diverses sont représentées, et par d'éminentes personnalités. Beaucoup tentent d'oublier les maîtres européens pour garder à la musique japonaise son esprit traditionnel et son accent. Et certains compositeurs comme Machida ou Seiho Kineya ne craignent pas d'unir le shamisen aux instruments occidentaux, fût-ce au sein d'un concerto! Citons aussi le Château du Japon, symphonie de Hirooki Ogawa, qui incorpore à l'orchestre le koto, le shakuhachi, le ruyteki et le biwa, pour une interprétation sui generis du tempérament national.

MUSIQUES D'AUJOURD'HUI

En un demi-siècle, le Japon est devenu l'un des premiers pays du monde pour l'activité musicale. Rappelons seulement que Tōkyō possède six orchestres symphoniques, sept conservatoires et environ trois cents clubs de guitaristes; que chaque concert mobilise des milliers d'auditeurs et que les virtuoses internationaux sont unanimes à reconnaître une exceptionnelle participation du public, et d'un public très

Tambour d'un orchestre de nō.

connaisseur, à toute manifestation. L'incroyable proportion de 80 p. 100 de téléspectateurs pour la chaîne culturelle justifierait une telle qualité parmi les amateurs, mais la seule curiosité de l'esprit ne pourrait expliquer tant d'enthousiasme et presque de vénération pour tout ce qui concerne la musique.

Aussi bien les compositeurs sont-ils très nombreux depuis un demi-siècle et leur production est-elle le reflet d'une telle passion, parfaitement accordée aux grands courants contemporains.

A l'influence allemande, prépondérante jusqu'en 1930, l'influence française, puis celle de Schœnberg se sont peu à peu substituées, et c'est, à l'heure actuelle, celle d'Olivier Messiaen et des expérimentalistes américains que nous trouvons avant toute autre. Parmi les élèves de Messiaen, Sadao Bekku, Mitsuaki Hayama et Shinohara représentent l'avant-garde, ce dernier auteur de Mémoires, superposition de sons électriques et de bruits, que le studio électronique d'Utrecht a récemment enregistré.

Depuis la fondation du studio de la Radio N. H. K. de Tōkyō (1954), l'électronique a, du reste, de nombreux adeptes, notamment Toru Takemitsu, qui a écrit, pour les jeux Olympiques de Tōkyō, une excellente étude de timbres, Textures, Maki Ishii (Kyoo, 1968), Minao Shibata (Improvisation, 1968),

Makoto Moroi, fils de Saburo (Shosanke et Phaéton) et Toshiro Mayuzumi (Mandara, 1969). La plus notable tendance de ces dernières années révèle un contact mutuel entre le yogaku (style de la musique occidentale) et le hōgaku (tradition japonaise, surtout de l'ère Tokugawa) à un niveau créateur nouveau et inattendu.

Il faut rappeler la place que tiennent les virtuoses japonais dans les concours internationaux, et parmi les quatre ou cinq chefs d'orchestre vivants et qui ont du génie citons l'extraordinaire Seiji Ozawa. Terminons sur une belle légende capable de nous donner la clé d'un tel bilan : la déesse du Soleil, redoutant les violences de son frère, dieu de la Mer, s'était réfugiée dans une grotte et en avait condamné l'accès. Privé de lumière et victime des esprits de la nuit, le monde avait sombré dans une telle confusion que les autres dieux prirent le chemin de la grotte et organisèrent une fête où musiciens, chanteurs et danseurs étaient invités. Aux acclamations des spectateurs, la déesse du Soleil eut alors la curiosité d'apparaître sur le seuil de son refuge et les dieux en profitèrent pour la forcer à en sortir...

C'est ainsi qu'en des temps très lointains les Japonais se servaient déjà de la musique et de la danse pour convier les dieux à descendre parmi eux et pour conserver la divine lumière.

Les vacances

Pour l'amoureux de féeries nippones à la Loti, le choc risque d'être rude lorsqu'il débarquera à Yokohama ou à l'aéroport de Haneda. Ces immenses combinats industriels jetés sur la mer, que traverse l'autoroute de Tōkyō, ces canaux noirâtres et ces banlieues enfumées, les vagues pressées et de plus en plus serrées des immeubles de béton qui précèdent de loin la capitale... N'y a-t-il pas une distance désormais infranchissable du rêve à la réalité? Et pourtant...

Les touristes vont par groupes,
et ils ont souvent un drapeau qui sert de point de ralliement.

Ce pays, tel qu'on le rêve chez nous, celui des fleurs de cerisier et des éventails, des forêts profondes et des temples immenses, des geishas et des maisons de thé, tout ce Japon un peu carte postale que domine la silhouette très pure du mont Fuji existe encore. S'il est vrai qu'il s'estompe rapidement sous la marée des villes et des usines, si l'air qu'on respire à Tōkyō et à Ōsaka est l'un des plus pollués du monde et si l'on voit bien moins de kimonos qu'avant la guerre, ce Japon dont l'image berce notre imagination n'est pas mort. Il subsiste et vous attend dans les montagnes et les plaines du centre, le long de la mer du Japon, à Kyūshū, à Shikoku, et il se laisse atteindre en tous points aisément, depuis la longue ceinture de la Mégalopolis qui court sur quelque 700 kilomètres depuis la baie de Tōkyō jusqu'aux rives de la mer Intérieure et par où l'on aborde généralement le pays.

Si éloigné de nous que paraisse ce Japon de légende, qui est aussi cet étonnant Japon industriel au futurisme parfois agressif, il vous suffit de quatorze heures désormais, si vous passez par Moscou, de dix-sept environ par Anchorage, pour gagner Tōkyō depuis Paris, sans parler de la prestigieuse route du Sud, qui vous amènera en vue du mont Fuji après vous avoir fait survoler l'Inde, Hongkong et T'ai-wan.

LA MER ET LA MONTAGNE

Le Japon offre à ses habitants, donc à vous-mêmes aussi, toutes les joies possibles du voyage et du tourisme. La mer et la montagne y sont l'objet d'un culte égal et toutes deux ont ici leurs fanatiques. Les belles plages abondent tout au long des 28 000 kilomètres de rivage — autant que le tour de la Terre au parallèle de Tōkyō —, sans compter, au large des quatre grandes îles, une myriade d'îlots et d'archipels, où une auberge vous accueillera toujours, même si l'on n'entend goutte à ce que vous dites, ainsi que de belles étendues de sable blond (ou noir au pied des volcans).

Location de skis nautiques, de bateaux de tout genre ne pose ici aucun problème et les amateurs de pêche trouveront en tout lieu avec qui partager leur passion. De vastes et modernes *marine-lands* poussent un peu partout pour les amateurs de voile et de plongée et, pour ceux qui préfèrent la nature rude et primitive, quelle joie de s'embarquer sur un petit caboteur pour aborder quelque roc battu des vents et que les chats de mer hantent seuls de leur aigre rumeur...

Vous êtes aussi au pays de la montagne; depuis les hautes cimes des Alpes japonaises jusqu'aux grands volcans de Hokkaidō et de Kyūshū, tous les degrés de l'escalade et de l'émotion sont ici réunis et, en hiver, une quantité prodigieuse de stations de ski, situées à toutes les distances de Tōkyō, vous proposent leurs pistes graduées, que, grâce à des projecteurs, vous pourrez descendre même de nuit. L'alpinisme japonais fait de rapides progrès et l'ascension réussie de l'Anapurna, voici quelques années, en a montré la jeune valeur. Pour accueillir les nombreuses cordées qui se lancent chaque été à l'assaut des sommets alpins, des auberges et des refuges ont été créés, souvent reliés à la vallée par téléphérique. Gare cependant aux avalanches, qui, chaque année, en ce pays au printemps précoce, emportent quelques imprudents.

Au centre de cet univers montagnard trône le mont Fuji. Son ascension, autorisée de juin à août, est des plus aisées, puisqu'il s'agit d'un simple cône de cendres; on peut gagner en voiture les deux tiers du parcours et effectuer la quasi-totalité du reste à cheval. Durant la saison, de longues files de voyageurs, qui sont un peu des pèlerins en raison du caractère sacré qui s'attache à la montagne, montent et descendent sans relâche les pentes noirâtres du volcan, espérant jouir, du haut de ses 3 800 mètres, d'un des plus immenses panoramas de mer, de campagne et de forêts qui se puissent admirer. Contemplé depuis sa base enfin, le Fuji est, peut-être, ce que le Japon a de plus beau à vous montrer. Il est vrai que la brume enveloppe souvent son sommet et que certains voyageurs ont pu passer un mois dans le pays sans même soupçonner sa présence.

COMMENT VOYAGER

Si le Japon est fort étroit, puisqu'il n'excède pas 200 kilomètres à sa plus grande largeur, il est, par contre, fort long : il y a plus de 2 000 km depuis le nord de Hokkaidō, où le détroit de Soya le sépare de Sakhaline, jusqu'au sud-ouest de Kyūshū. Le guide des Chemins de fer nationaux est éloquent à cet égard : si Kyōto et Ōsaka ne sont guère qu'à 500 kilomètres de la capitale, il faut en parcourir 900 jusqu'à Hiroshima, 1 200 pour Fukuoka et, pour vous rendre à Nagasaki, 1 370. La ville la plus méridionale du pays, Kagoshima, est à près de 1 600 kilomètres de Tōkyō, soit autant que de Paris à Copenhague ou à Rome. Vous dirigeant vers le nord, à présent, il faut parcourir 750 kilomètres jusqu'à Aomori, à la pointe septentrionale de l'île principale (Honshū), d'où vous prendrez le ferry pour Hakodate. De celle-ci jusqu'à Wakkanai, en face de Sakhaline, il y a encore 680 kilomètres, ce qui met le cap Soya à quelque 1 500 kilomètres de Tōkyō, à plus de 3 000 de Kagoshima, plus loin que de Paris à Istanbul.

Ces distances n'ont rien, toutefois, qui doive vous effrayer, même si vous préférez le chemin de fer à l'avion. Vers l'ouest, le nouveau « Tokaido » reliera à Ōsaka en trois heures et dix minutes et, de là, des express confortables peuvent vous acheminer jusqu'à Nagasaki ou Kagoshima avant minuit si vous avez quitté la capitale par le premier train. Sur la côte de la mer du Japon, Niigata est reliée à Tōkyō six fois par jour en moins de quatre heures. Sur toutes les lignes, des voitures-couchettes de classes diverses vous permettront d'économiser une journée, encore que le Japon vu des fenêtres d'un train climatisé et silencieux constitue un spectacle de choix.

Si vous n'avez que quelques jours devant vous, il est prudent de prendre l'avion. Outre la compagnie nationale Japan Air Lines, plusieurs compagnies privées relient Haneda, l'aéroport de Tōkyō, à toutes les villes de plus de 150 000 habitants du pays, en une, deux, exceptionnellement trois heures; si le beau temps vous favorise, vous pourrez ainsi contempler et photographier la merveilleuse campagne japonaise, le damier des rizières semé de villages brillant sous leur fine carapace de tuile ou blottis sous le chaume épais de leurs habitations. Pour les conducteurs acharnés enfin, la nouvelle autoroute Tōkyō-Ōsaka suit en courbes harmonieuses le rivage du Pacifique, et le réseau régional, encore bien inférieur aux réseaux européens, vous ouvre cependant, et lui seul, le cœur de la campagne et des petites cités. Une économique voiture japonaise, louée dans la ville de votre choix et abandonnée là où il vous plaira, peut faire de votre voyage une autre source de plaisir, si vous prenez bien soin de tenir votre gauche et de ne pas dépasser les 60 kilomètres à l'heure réglementaires (100 sur les autoroutes).

Ski nautique à Ito : l'une des geishas a ôté sa perruque.

Golf d'entraînement (3 niveaux), à Tōkyō.

À L'AUBERGE

Si brefs que soient les instants que vous pouvez passer ici, ne manquez pas de consacrer quelques heures à la promenade à pied. Dans les villes tout d'abord, dont vous ne prendrez véritablement le pouls qu'en y flânant libre de tout bagage et en n'hésitant pas à vous égarer au hasard des ruelles, de jour comme de nuit. Dans la campagne aussi et, par exemple, dans ces magnifiques forêts qui couvrent encore les deux tiers du pays et où, à deux pas des bruyantes métropoles, vous pourrez marcher des heures sans croiser âme qui vive, sinon les écureuils ou les oiseaux. Le soir venu, le premier bourg rencontré — et ils sont fort serrés en toute région — vous offrira l'asile d'une auberge toujours accueillante, à la manière japonaise bien entendu. Il sera parfois prudent, mais nullement indispensable, d'y retenir à l'avance une chambre. Pour cela, la très experte Agence nationale de tourisme, désignée communément sous son appellation anglaise de « Japan Travel

*Un pont traditionnel
aux environs
de Tōkyō.*

*Marguerites en fleur
dans une île
de la mer Intérieure.*

Pique-nique sur les pentes du mont Aso, le célèbre volcan de l'île de Kyūshū.

L'hôtel International de Kyōto.

Bureau », ou simplement « J. T. B. », accomplira pour vous toutes les formalités nécessaires et vous pourrez vous embarquer munis pour tout bagage de bons et de billets qui vous ouvriront, en chemin, toutes les portes.

Que votre auberge se trouve au bord de la mer, tapie au creux boisé de quelque vallon, au cœur de la ville ou isolée dans la nature, vous y trouverez le même service nombreux et souriant, les mêmes *tatami* (nattes du sol), que garnissent seulement de légers meubles, et, le soir venu, le bain chaud, privé ou collectif, qui vous délassera des fatigues du jour. Rentré dans votre chambre, vous ne manquerez pas d'être surpris; celle-ci a pris son visage nocturne et comme par enchantement s'est garnie de *futon* (édredons) épais, entre lesquels vous allez dormir, tandis qu'un repas appétissant vous attend sur la longue table basse. La nuit, de multiples frôlements vous rappelleront que de simples cloisons de papier vous séparent de votre voisin, sans pour autant que votre intimité en souffre la moindre atteinte et, le matin, tôt réveillé par le jour filtrant à travers le papier translucide des fenêtres, poussant celles-ci d'une main légère, vous aurez la surprise d'apercevoir quelque jardin minutieux, le torrent, la plage ou, en hiver, la neige pressée contre la véranda et que, sans quitter la tiédeur de votre couche, vous pourrez caresser de la main...

AU CŒUR DE LA NATURE : LES STATIONS THERMALES

Source de joies intarissables pour les jeunes et les vieux, immortalisée par des siècles d'art et de poésie, chantée aujourd'hui comme un refuge vivifiant contre les émanations nocives des cités industrielles, la nature japonaise est restée, plus souvent que ne le pensent bien des voyageurs pressés, vierge en bien des endroits. Quittés les rivages enfumés du Pacifique et de la mer Intérieure, où se pressent toutes les grandes villes, voici les campagnes du Centre, avec leurs rizières, leurs torrents, leurs villages coiffés de chaume ou de tuile, les sommets neigeux de leurs Alpes; voici encore les rivages de la mer du Japon, ce que les habitants nomment l' « envers » de leur pays, où, sur plus de 1 000 kilomètres de plages et de falaises, vous pourrez admirer une mer encore quasi ignorée des foules estivales; voici enfin les deux îles extrêmes, Kyūshū à l'ouest, Hokkaidō au nord, où la fin de mars voit fleurir les campagnes de l'une, tandis que l'autre se morfond encore sous un épais linceul de neige...

Tout au long de ces routes dont nous allons parcourir les principales, en quelque région que vos pas vous conduisent, vous êtes assurés de trouver un ou plusieurs de ces sanctuaires indiscutés de l'art de voyager à la japonaise que sont les *onsen*, ou stations thermales. La nature volcanique du pays a multiplié les sources chaudes depuis les solitudes glaciales de Hokkaidō jusqu'aux quasi-tropiques de Kyūshū, et les Japonais en font l'usage le plus joyeux qui soit. Loin de venir s'y soigner, ils y trouvent, au contraire, galante compagnie, bonne chère et surtout les délices du bain très chaud, pris à toute heure du jour. Quelle joie rare que d'apercevoir depuis la baie vitrée d'une de ces vastes étuves, la campagne enneigée ou la montagne ou la mer toute proche... Il est d'immenses onsen, tels Atami ou Beppu, aux hôtels gigantesques et aux plaisirs innombrables; il en est d'humbles aussi, simples amas d'auberges rustiques où les paysans du cru viennent, durant l'hiver, se délasser en famille, mais où vous serez toujours accueillis avec le sourire. Les rues de ces agglomérations, animées de flâneurs en simple *yukata* (ou kimono d'intérieur), longées de boutiques de souvenirs, débouchent sur la nature vierge ou la forêt, ainsi annexées à votre plaisir. Le bain chaud est avec le spectacle de la nature une source de délices infinies pour les Japonais de tous âges et de

toutes conditions; aussi, récemment, un hôtelier ingénieux a-t-il eu l'idée de combiner ces deux sources de plaisir en équipant de bains individuels (ou à deux pour les couples) un funiculaire près de la mer Intérieure et, durant quelques minutes, c'est plongé jusqu'au cou dans une eau reposante que vous pouvez ici voir se dérouler un des plus merveilleux panoramas du pays.

LE LONG DU TOKAIDO

La plus fameuse des anciennes routes du pays, le Tokaido, courait sur quelque 500 kilomètres depuis Edo (Tōkyō), capitale féodale du pays, jusqu'à Kyōto, où résidait l'empereur. Les estampes fameuses du siècle dernier en ont immortalisé les cinquante-trois étapes, les précipices, les rivages et les plates rizières qu'elle côtoyait. Aujourd'hui, sur ce même itinéraire, le « Shinkansen » lance tous les quarts d'heure ses trains rapides, dont les 200 kilomètres à l'heure vous conduisent sans secousses jusqu'aux sites élus de la culture nationale : Ise, Nara, Kyōto. En chemin, cependant, bien des endroits méritent un arrêt. Quittant Tōkyō dans la matinée, vous pourrez, par Kamakura, atteindre en une heure la presqu'île de Miura, banlieue balnéaire de la capitale et qui love ses plages de sable sombre au creux des collines plantées d'orangers. D'Odawara, deux itinéraires s'offrent à vous, celui de la

Dans les eaux du lac Ikenoyu.

mer et celui de la montagne. Le premier mène, par Atami et Ito, vastes cités thermales aux hôtels innombrables, jusqu'à la péninsule d'Izu, ce gros pédoncule montagneux que vous voyez pendre sur la carte au sud de Tōkyō. Le chemin de fer conduit en deux heures jusqu'à Shimoda, le petit port de pêche où vécut, voici plus d'un siècle, le premier consul américain. Les vieilles maisons aux parois entièrement couvertes de tuiles bleues, le port où se balancent embarcations de plaisance et barques de pêche, les vertes collines toutes proches en font un séjour de rêve pour tous ceux qui ne peuvent aller plus loin, faute de temps.

Si d'Odawara vous prenez, au contraire, le chemin de la montagne, vous vous aventurez par de belles autoroutes au cœur du massif du Fuji. Jusqu'au col de Hakone, ancien gîte d'étape du Tokaido au bord d'un lac austère, les relais de choix sont légion, tels que Miyanoshita et son immense hôtel rococo si confortable, ou Gora, dont le musée abrite quelques-unes des précieuses peintures de l'âge classique. Tout autour du Fuji, qui n'est jamais aussi beau qu'au printemps ou en automne lorsque la neige le coiffe de blanc, de nombreux lacs, parcourus de vedettes rapides, des terrains de golf, des lotissements de villas, piscines et hôtels indiquent que nous sommes encore dans la banlieue touristique de Tōkyō.

Le plus grand lac du Japon : le lac Biwa, au nord de Kyōto.

Il faut aller jusque vers Shizuoka pour se sentir véritablement en province. Passé Shimizu et son spectaculaire aquarium, voici les restes préhistoriques de Toro, aux huttes reconstituées, si pareilles à celles des insu-

Retour de pêche aux environs de Tōkyō.

laires du Pacifique et où vécurent des ancêtres des Japonais actuels. A Shizuoka même, accordez un regard au temple Rinzaiji, où Tokugawa Ieyasu vécut vingt ans dans la retraite avant de devenir le maître absolu du pays, et, par Hamamatsu, où se fabriquent, bon an mal an, trois cent mille pianos, gagnez le lac Hamana. Les rives de cette mélancolique lagune, bordées de pins vénérables, vous offriront l'abri de leurs multiples auberges et les joies pacifiques de la pêche ou du canotage dans un paysage d'eaux plates et grises au charme prenant.

Traversons à la hâte Nagoya, réservée aux hommes d'affaires, sa baie usinière et enfumée, jusqu'aux rivages de la presqu'île de Kii, l'une des trois régions « tropicales » du pays, avec le sud de Shikoku et Kyūshū. Après avoir rendu au grand temple d'Ise l'hommage de votre visite, attardez-vous sur les rives de la baie d'Ago, toute couverte de radeaux où les huîtres mûrissent, suspendues dans des paniers, les plus belles perles du Japon; plus au sud encore, gagnez le rivage de Kumano, dont les forêts majestueuses, les vieux sanctuaires shintoïstes, les grottes marines composent une sorte de baie de Naples à la japonaise. Non loin de là, à Kashikojima, la compagnie Yamaha, dont la spécialité est la fabrication d'instruments de musique, a créé le délicieux séjour de Nemu no

Sato, sans doute la plus belle réussite japonaise dans le genre des hôtels à pavillons. Pour une somme tout à fait raisonnable, vous pourrez louer au bord de l'eau un des quarante logis dispersés qui vous donneront l'illusion d'être vraiment installé au Japon, y faire votre cuisine, y vivre absolument à votre guise, sans être excédé par le téléphone; si vous êtes musicien, un piano ou tout autre instrument attend votre bon vouloir pour rivaliser d'harmonie avec la mer toute proche.

LE PAYS DES LACS

Le Japon est le pays des lacs. Il en possède de toutes tailles et de toutes formes, certains, tel le Hamana, bordés par un simple cordon de plages, d'autres, comme ceux de Hokkaidō, reflétant les sombres versants des grands volcans; en toutes régions plusieurs s'ouvrent dans des cratères et offrent au ciel le calme miroir de leurs eaux suspendues. Aucun cependant n'est plus vaste que le Biwa, aucun n'est, à ce point, imprégné de la culture nationale. C'est que 15 kilomètres à peine le séparent de Kyōto et quelques-uns des temples édifiés par les moines de la vieille capitale viennent jusque sur ses bords y refléter leurs hautes toitures de tuile.

Par un caprice de la nature, les deux extrémités de ce lac semblent appartenir à des mondes bien différents. Le sud, vers Otsu, dans la grande banlieue de Kyōto, est tout baigné de la

Festival de la neige à Sapporo : l'aspect terrifiant du dieu de l'Amour, Aïzen Myo-o.

Le mont Zao (nord de Honshu) est réputé pour le ski et aussi pour l'aspect de ses arbres disparaissant sous la neige, en hiver.

En haut : l'ascension relativement facile du mont Fuji. A gauche : couple en yukata (kimono d'été) devant le lac Sahi. Ci-dessus : canotage à Kyōto.

les vacances

douceur propre à la province du Kansai. Si l'hiver y est visité de coups de froid, il est toujours ensoleillé et les vieilles forteresses de Hikone et d'Azuchi, jalonnant ce passage obligé entre l'ouest et l'est du pays, y couronnent de molles collines boisées. Plus au nord, cependant, la neige séjourne de longs mois sur les rives où d'agrestes chaumières ont remplacé les élégantes constructions coiffées de tuile. Quelques îles rocheuses, des rives escarpées annoncent les rivages austères de la mer du Japon, dont un isthme de 30 kilomètres à peine les sépare.

LA ROUTE DU SOLEIL (« SANYO »)

Cette appellation poétique désigne dans la tradition japonaise la longue suite de plages et de falaises qui longe la mer Intérieure depuis Ōsaka jusque vers Hiroshima et Shimonoseki. C'est un des plus anciens axes de la civilisation nationale, celui que suivirent les peuples des îles méridionales lorsqu'ils se rendirent, depuis Kyūshū, jusqu'au bassin du Yamato. C'est à Kōbe que nous retrouvons la mer, quittée à Nagoya ou à Kumano. Kōbe,

Inspection d'une locomotive dans un « parc à chemins de fer ».

port en eau profonde d'Ōsaka et ne formant avec celle-ci, depuis la guerre, qu'une seule immense traînée urbaine. Une des rares villes du Japon, avec Nagasaki et Onomichi, à se déployer en espalier, elle tapisse un magnifique adret sur les pentes du mont Rokko. Du sommet de celui-ci, la vue se perd sur près de 80 kilomètres dans un océan de hauts immeubles et d'usines qui, la nuit venue, scintillent tel un fourmillement d'étoiles. Le long de la mer Intérieure, les quais se prolongent rapidement et des îles artificielles mordent peu à peu sur les eaux gris-bleu, garnies aussitôt d'ateliers, de docks et toutes hérissées de grues. Telle Yokohama, sa sœur orientale, Kōbe est une ville de résidence étrangère par tradi-

La contemplation des iris dans le parc Kenroku-en, à Kanazawa.

tion et, comme telle, paraît largement exotique aux yeux des Japonais. On parle toutes les langues dans ses cafés et ses magasins, et des silhouettes blondes et élancées donnent à ses foules un air perpétuel de manifestation internationale.
De Kōbe, la route du Soleil vous conduit tout d'abord à Himeji, le « chemin de la Princesse », qui fut une des grandes cités féodales de jadis. Son château, restauré à grands frais voici quelques années, demeure le plus beau du pays, dressant sur une butte, dans l'axe de l'avenue principale, son énorme donjon immaculé, qu'entourent 12 hectares de fossés, de douves, de

remparts et d'ouvrages avancés. Du sommet, un panorama synthétique du Japon occidental se laisse découvrir : au premier plan, assise au milieu de ses rizières, la vieille cité, dont le centre seul a été reconstruit à la moderne; plus loin sur la mer, une zone industrielle jeune et active, dont les tours de cracking dentellent l'horizon; au-delà, des îles de toutes tailles posées sur la plaque gris-bleu des eaux toujours calmes.
Ces îles, toutefois, c'est en bateau qu'il faut aller à leur rencontre. Il en est de vastes comme Awaji, qui ferme la baie d'Ōsaka, ou Shodo, qui porte les seuls bois d'oliviers de l'archipel, et de minuscules, qu'un hameau de pêcheurs avec son appontement, quelques champs en terrasses arrachés à la forêt rattachent seuls au monde des vivants. D'autres ne sont que de simples rocs aux formes tourmentées, bordés parfois d'un lambeau de plage et couronnés de pins capricieux. Depuis la guerre, certaines de ces îles sont mises en vente par les municipalités désireuses d'obtenir quelques revenus de ces rocs inutiles. Ne vous laisserez-vous pas tenter?
Parmi les vieilles cités qui se pressent le long de la route du Soleil, passé Himeji, voici l'ancienne capitale féodale d'Okayama, que le « Shinkansen » doit atteindre d'ici à un an, ce qui la mettra à quatre heures seule-

Un alpiniste célèbre, Yukihito Kato, fait une démonstration à Tōkyō.

ment de Tōkyō (750 km). Le long des quais endormis de sa voisine, Kurashiki, se pressent les vieilles maisons des marchands de riz qui firent la fortune de ce petit port jusqu'à l'avènement des chemins de fer. Un riche mécène a fondé ici plusieurs musées et, sitôt sortis du dédale des ruelles empierrées que bordent les hauts greniers à riz, vous aurez la surprise d'admirer des Cézanne, des Lautrec et des Manet, fleurs étrangement exotiques sur ces rivages gris du vieux Japon... Mais ce sommeil de la vieille cité n'est qu'apparent et voici qu'au détour de la baie les fantastiques superstructures de Mizushima apparaissent, hérissant leurs cheminées, leurs hauts fourneaux au creux de ce calme paysage d'eaux dormantes et de collines. Tout ce littoral de la route du Soleil se couvre rapidement, depuis vingt ans surtout, de ces grands ensembles industriels jetés sur la mer, comblée en toute hâte, et l'isolant des campagnes par une haute barrière d'installations pétrochimiques et d'aciéries. Cette grande transformation s'opère sans toucher pratiquement à la rizière semée de gros villages qui perpétue, à deux pas de ces modernes forges de Vulcain, son mode de vie de toujours. Il en va différemment de la mer, toutefois, qui, vue d'avion, apparaît en maints endroits tachée de grandes plaques jaunes, rougeâtres ou noires dues aux déjections industrielles. Au Japon, plus encore qu'ailleurs en raison de la concentration urbaine, de graves blessures infligées à la nature sont la rançon de la prospérité.

SHIKOKU

La mer Intérieure est par endroits d'une très faible largeur et, alors, c'est escorté d'îles tout du long que l'on passe de la route du Soleil à l'île de Shikoku qui lui fait face. D'ici à quelques années d'ailleurs, un système de viaducs doit relier les deux côtes et le choix de l'itinéraire, qui a donné lieu à des débats passionnés, a été décidé en 1971 seulement. Il faudra donc vous contenter de l'hydrofoil qui, de Hiroshima par exemple, vous transportera à Matsuyama en moins de deux heures. Jusqu'à ces derniers temps, Shikoku était la parente pauvre des quatre grandes îles japonaises, avec ses campagnes verdoyantes, ses vieux sanctuaires — tel le grand temple de Kompira où conduit une escalade de cinq cents marches taillées dans la montagne —, ses innombrables châteaux témoins d'un passé féodal brillant, ses vallées profondes où somnolent des communautés paysannes que le progrès n'a pas encore atteintes et ses quatre-vingts temples dont le périple oblige le pèlerin à faire le tour entier de la région.

Depuis quinze ans, toutefois, la côte septentrionale se couvre d'usines et de ports artificiels à l'exemple de la route du Soleil qui lui fait face et faisant de la mer Intérieure une immense avenue manufacturière. Mais le sud est demeuré pareil à lui-même, avec ses vieilles capitales féodales, Tokushima, Kochi, Uwajima, dominant de leurs hautes forteresses une plantureuse campagne où, localement, le climat exceptionnellement chaud et pluvieux permet deux récoltes de riz chaque année. C'est aussi le pays des typhons, contre lesquels les pêcheurs entourent leurs maisons de hauts murs de pierres sèches, des combats de coqs et de taureaux... toute une atmosphère de violence, de chaleur, de lumière... un peu l'Espagne du Japon.

KYŪSHŪ : AU PAYS DES VOLCANS ET DES CHRÉTIENS CACHÉS

Ces aspects méridionaux, vous les retrouvez à Kyūshū, où l'histoire atteste la présence des plus anciens habitants du Japon. C'est ici sans doute, non loin de la grande ville de Fukuoka, qu'abordèrent en vagues successives ses premiers occupants méridionaux et que parvint aussi la grande culture chinoise, largement par le relais coréen. Cent cinquante kilomètres seulement séparent Kyūshū de la péninsule voisine et, des deux côtés, les plages ont été témoins de maints abordages, pacifiques ou non. Le nom de Kyūshū signifie « Neuf Provinces » et évoque les neuf Etats féodaux qui se

Les ballons sont partis : la saison de natation est ouverte à Ito (péninsule d'Isu).

Pêche dans un torrent, non loin d'Ishikawa.

îles d'Amakusa (que cinq ponts modernes relient aujourd'hui à la terre ferme) et y perpétuèrent leur foi jusqu'à la Restauration de 1868. Usant de statues bouddhiques dont l'envers représentait la Vierge ou le Christ, tenant leurs assemblées dans des pièces dissimulées sous leurs demeures, se baptisant et se mariant eux-mêmes, risquant la mort à chaque instant, ils ne purent à la longue maintenir intactes leurs croyances et, insensiblement, celles-ci se teintèrent de bouddhisme. Lorsque, voici un siècle, les missionnaires européens eurent de nouveau accès au Japon, certains de ces chrétiens cachés acceptèrent de retourner dans le giron de Rome, mais d'autres ne le purent : le fossé était trop large désormais entre leur foi et celle qui leur venait d'Occident. Visitant l'île d'Ikitsuki, au large du grand port militaire de Sasebo, vous rencontrerez de ces humbles paysans, conservant jalousement une religion que refusent aussi bien les autorités bouddhiques que les chrétiennes et se baptisant, en secret, à l'eau d'une source mystérieuse, que l'on va la nuit quérir en barque dans un îlot voisin...

L'ENVERS DU JAPON

Si, quittant Kyūshū par le détroit de Shimonoseki, vous prenez sur la droite en débarquant dans l'île principale, vous retrouvez la route du Soleil. Si vous prenez à gauche, vous accédez à un autre Japon, sans usines, sans métropoles, un Japon tout en rizières, en falaises, en plages désertes et en petits ports de pêche où se perpétuent des genres de vie révolus ailleurs. C'est l'« envers » du pays, ce long et étroit rivage qui court sur 1 200 kilomètres le long de la mer du Japon. Si l'histoire nationale a connu ici quelques-unes de ses étapes, Izumo, Kanazawa ou Hagi, par exemple, c'est dans une

partageaient l'île jadis. Toutefois, de nos jours, ce sont moins les particularismes locaux que la communauté de tempérament qui frappent avant tout ici le visiteur, fût-il Japonais. Aux yeux de ses compatriotes, l'habitant de Kyūshū se caractérise par une forte personnalité, une façon directe (que les habitants des autres îles trouvent dénuée de retenue) d'aborder les choses et les gens. Conservateurs à tout prix, ils ont donné au pays un grand nombre de politiciens de valeur. C'est d'ici que partit le mouvement en faveur de la restauration impériale au milieu du siècle dernier : exactement du grand clan de Satsuma, dont la capitale, Kagoshima, se tient, sous un ciel de feu, face au cône noirâtre et fumant du Sakurajima. Non loin, le massif de Kirishima, le mont Aso perpétuent, au centre de l'île, ces paysages lunaires, ces cônes de cendres, ces étendues stériles, nature grandiose et vide que des routes modernes ont ouverte récemment au grand tourisme. Son individualité, Kyūshū la doit aussi

en partie à la présence étrangère qui ne l'a jamais abandonnée depuis le XVe siècle. Lorsque, au début du XVIIe siècle, les shogun Tokugawa résolurent d'éliminer la religion chrétienne, dont les missionnaires et les adeptes japonais leur paraissaient susceptibles de miner leur autorité, un certain nombre de convertis trouvèrent refuge au large de Nagasaki, dans les

Les amateurs de pêche ne manquent pas dans la baie de Tōkyō.

demi-retraite que vit la région depuis cent ans. Tout dans la nature assure, ici, une existence calme et sans heurts : les typhons se risquent peu sur ces rivages et, l'hiver venu, la neige enfouit choses et gens pour de longs mois sous les plis de sa silencieuse draperie.

Un seul coup d'aile depuis Tōkyō vous mettra à Yonago, au cœur même de l'« envers ». Toutefois, nous vous conseillons vivement de prendre le train : un express de jour très confortable parcourt cette côte de bout en bout et, quittant Shimonoseki le matin vers neuf heures, vous arriverez le soir à Ōsaka à la même heure, après avoir longé constamment un rivage tour à tour vide et peuplé, riant et austère, envié du regard d'immenses plages désertes

La route de Nara à Ōsaka.

Les dunes de Tottori, sur la mer du Japon.

même au cœur de l'été, franchi des promontoires rougeâtres ou sombres que prolongent au large des myriades d'îlots. C'est le San-in, le secteur le plus isolé du Japon avec le sud de Shikoku. Si vous avez le loisir d'une escale, couchez à Matsue, dont les douves endormies reflètent, sur les bords du lac Shinji, l'un des châteaux les plus romantiques du Japon. Nous préférons Hagi cependant, siège jusqu'en 1868 d'une des plus puissantes maisons féodales du pays. Elle a conservé les vieux murs d'argile de ses résidences guerrières, converties aujourd'hui en vergers d'orangers, dont la pénétrante odeur, en mai, bai-

gne toute la ville. Une poterie délicate, un rivage morcelé à l'infini, un silence oublié ailleurs dans le pays font de cette calme cité un havre de grâce et de beauté, inconnu de bien des Japonais eux-mêmes.

Au nord de la baie de Wakasa, juste en arrière de Kyōto, commence le rivage du Hokuriku, second volet de ce Japon de l'« envers », et ce sont encore douze heures de train qu'il vous faut pour gagner Akita, sa plus septentrionale cité. Durant l'hiver, les bourrasques de neige enveloppent la campagne avec furie, ensevelissant Kanazawa et les hautes superstructures du sanctuaire de Eiheiji, où, au fond

d'une haute forêt de cryptomères, se perpétuent les austères disciplines de l'ascèse zen. Depuis Kanazawa, une ligne secondaire conduit à la presqu'île de Noto et, de sa pointe septentrionale, à Wajima, vous vous embarquerez pour l'île de Hekura et le rude et poétique spectacle de ses plongeuses. L'isolement et l'âpreté de ces rivages ont toujours frappé le peuple japonais; un peu au nord de Kanazawa, l'un de ces abîmes porte encore le nom évocateur d'Oyashirazu, « Où l'on ne connaît plus ses enfants », car, dit la légende, le passage entre la falaise et la mer était si périlleux que les parents en oubliaient jusqu'au soin de veiller sur leur progéniture!

De Niigata, l'île de Sado est accessible en avion ou par bateau, en deux heures à peine. Ses verdoyantes campagnes qu'entourent les eaux grises de la mer du Japon recelaient jadis une des grandes sources de richesse du pays : des mines d'or et d'argent, qu'on y exploita de bonne heure; ici aussi étaient exilés certains personnages jugés indésirables dont on voulait toutefois sauver la tête. Aujourd'hui, les exclamations joyeuses des groupes d'étudiants en vacances ont remplacé la plainte des forçats et quelques amateurs de sensations fortes viennent, au cœur de l'hiver, contempler jusqu'ici le ballet fantastique des vagues que la mousson lance inlassablement contre les falaises.

DANS L'INTÉRIEUR

Au centre de Honshū, le pays s'élargit jusqu'à 200 kilomètres environ et les amoureux de la montagne devront au moins y faire un détour. De part et d'autre de la chaîne des Alpes, dont les sommets dépassent fréquemment 3 000 mètres, quelques bassins, ouverts au creux de profondes et mystérieuses forêts, abritent encore les plus vieilles traditions japonaises. Voici, par exemple, Takayama, construite sur le modèle de Kyōto par un daimyo ambitieux; vous y admirerez les plus belles maisons de tout le pays. Nulle part les arts du bois n'ont connu au Japon un tel degré d'achèvement. Dans les immenses résidences des riches marchands du siècle dernier, vous découvrirez des charpentes énormes et délicatement assemblées, des cloisons mobiles d'un raffinement merveilleux et tout un mobilier d'un fini, d'un poli parfaits, au modernisme surprenant. C'est autour du grand sanctuaire de Zenkoji que s'est construite Nagano, un peu plus au nord et, à 100 kilomètres de là, juste en arrière du mont Fuji, vous explorerez le vignoble japonais. Ici, toutefois, on ramasse le raisin en se dressant sur la pointe des pieds et non en se baissant comme chez nous, car il s'agit d'immenses treilles dont six ou sept pieds suffisent à couvrir un hectare de sol d'une épaisse voûte de feuillage. Dans la ville voisine de Kofu, des viticulteurs, cousins japonais de ceux de Béziers ou d'Asti, mûrissent dans des caves profondes de fines bouteilles, auxquelles le visiteur français n'a rien à reprocher, si ce n'est peut-être une douceur excessive.

LA TOHOKU OU LA NATURE EN LIBERTÉ

Nous voici de nouveau à Tōkyō, et cependant nous ne connaissons guère encore qu'un demi-Japon. Il est vrai que la moitié septentrionale du pays est bien moins riche en histoire. Toutefois, cette immense province du Tohoku — il faut dix heures pour la parcourir en express, et elle s'étend sur près de 600 kilomètres du nord au sud pour 150 de large en moyenne — mérite mieux que l'oubli où la laissent les neuf dixièmes des voyageurs occidentaux. Royaume des rizières en été, de la neige en hiver, pays de grands volcans aux colères fréquentes, elle a peu à offrir à l'amateur d'architecture si on la compare au Kansai, mis à part les temples d'Hiraizumi. La nature, toutefois, prend ici brillamment le relais des hommes, et avant tout dans la fameuse baie de Matsushima, où les Japonais voient l'un de leurs trois paysages sacrés, avec le sanctuaire de Miyajima, près d'Hiroshima, et la lagune d'Amanohashidaté dans la baie de Wakasa. Pour vous y rendre, vous gagnerez

d'abord Sendai, capitale de toute la province. Les ruines mélancoliques du château d'Aoba dominent l'austère et moderne cité. Ici régna le puissant daimyo Date Masamune (1566-1636), qui, longtemps opposé au shōgun Hideyoshi, finit par se rallier à lui et, plus tard, épousa la cause des Tokugawa. Esprit curieux et entreprenant, il n'hésita pas à envoyer sur ses deniers une ambassade en Espagne et à Rome et permit au père Soleto, missionnaire espagnol, de venir à Sendai prêcher sa religion. Il mourut âgé de soixante-dix ans, ayant fait de sa capitale une des plus belles cités de l'empire. Une demi-heure en chemin de fer conduit à Shiogama, d'où l'on s'embarque pour Matsushima. Cette baie presque fermée, où se dispersent une centaine d'îles calcaires de formes étranges, semées de pins tourmentés, a toujours exalté l'imagination japonaise. Plus que par la promenade en mer, toutefois, le visiteur sera récompensé par la visite du temple Zuiganji, qui se trouve exactement au débarcadère. Fondé en 828 et reconstruit par Masamune au XVIIᵉ siècle, il offre un des plus beaux ensembles architecturaux de la province. Dès l'entrée, des grottes s'ouvrent dans la falaise, froides retraites où les adeptes de la secte zen s'exerçaient à parvenir au *satori*, l'illumination finale qui résout toutes les contradictions. Tout au fond de l'enclos qu'ombragent des pins mélancoliques, le temple lui-même, construit dans ce merveilleux bois qu'est le *keyaki*, a pris en vieillissant une teinte gris doré qui forme avec le blanc éclatant du crépi et, en hiver, avec la neige qui l'enveloppe, une douce et lumineuse symphonie de couleurs. A l'intérieur, la splendeur de l'art du début d'Edo éclate dans de hautes salles, peintes

de brillants paysages sur l'or éteint des cloisons. Dans la chambre des Paons, assis, en armure, le grand Masamune lui-même veille de son œil unique (il perdit l'autre dans une bataille) sur les trésors qu'il a accumulés ici.

DANS LE GRAND NORD JAPONAIS

Il faut poursuivre cependant et, passé Hiraizumi, rejoindre la côte à Miyako, dont les blanches falaises ont été taillées en arches et en aiguilles par une érosion capricieuse. Les hautes et massives montagnes qui s'étendent en arrière sont appelées le « Tibet du Japon » : aucune terre n'est aussi rude dans l'archipel, et il faut aller chez nous dans les vallons les plus reculés du Cantal ou des Hautes-Alpes pour se sentir à ce point isolé de la vie moderne. Sur ces pentes impressionnantes, des hommes ont accroché leurs fermes et leurs champs. Les chevaux, qu'ils élèvent depuis toujours, servaient jadis à la remonte des armées du shōgun et tirent à présent la charrue. Aucune voie ferrée, quelques routes étroites, un hiver interminable entretiennent ici la solitude et l'oubli.

C'est en automne qu'il faut aller voir le lac Towada; vous y accéderez par des routes idylliques courant au milieu d'une forêt pourpre et dorée, bordée de cascades et pleine du chant des oiseaux. Accordez si vous voulez un regard à la mer du Japon et à Akita, dont les femmes sont réputées pour la blancheur de leur peau. Si vous vous trouvez ici au printemps, tardif il est vrai, ne manquez pas d'aller contempler les cerisiers du château d'Hirosaki, mais, en août, gagnez aussi rapidement que possible l'Osoreyama (la montagne de la Peur), à la pointe la

Les lanternes en pierre sont nombreuses au Japon.

Solfatares de Noboribetsu, station thermale la plus importante de Hokkaidō.

plus septentrionale de Honshū. Dans ce paysage lunaire, à mi-chemin de la terre et des Enfers, l'été ramène chaque année des milliers de pèlerins venus consulter les *itako*, qui sont les pythies du Japon. Ces femmes âgées, généralement aveugles, sont des médiums; sur votre demande, elles feront revenir chez les hommes telle ou telle personne chère que vous avez perdue et, à leur appel, cette terre toute fendillée et frissonnante de volcans s'entrouvrira quelques minutes pour laisser monter jusqu'à vous les voix du royaume des Ombres.

Au commencement d'avril, les premiers cerisiers argentent les campagnes de Kyūshū; à Hokkaidō, cependant, la mer d'Okhotsk étale encore au soleil la plaque immense et gelée de ses eaux. C'est bien en hiver, plutôt qu'en été, où elle devient semblable à toutes les campagnes d'Occident, qu'il faut découvrir cette Sibérie japonaise, parcourir en traîneau ses immenses plaines de neige, se plonger avec délice dans le bain bouillant de quelque station thermale, tandis que la bise siffle dans les arbres de la taïga toute proche. Chaque année, les ours dévorent ici deux ou trois citoyens et, sur les rives du lac de Nishibetsu, le vol lourd des cygnes des Aléoutiennes vient se poser sur la glace. Symphonie de blanc, la mer, la campagne, les

eaux et la montagne s'enveloppent de silence et une lumière froide, mais éclatante, plonge la nature dans une pesante torpeur. Le spectacle de son réveil n'est pas moins merveilleux. Le printemps est celui de toutes les régions septentrionales : en quelques semaines, la prairie s'émaille de fleurs multicolores, la forêt s'anime du chant d'innombrables oiseaux et de la présence invisible et affairée des ours, des loups, des renards et des écureuils. Les torrents brisent leur glace et de formidables avalanches grondent dans les vallons.

Ces merveilles vous sont accessibles en toutes saisons grâce au remarquable réseau ferré de l'île, parcouru par des trains confortables et surchauffés. L'été, toutefois, Hokkaidō perd une partie de son charme septentrional pour se muer en un morceau de Canada ou d'Europe du Nord. De longues files de peupliers s'y balancent comme chez nous, au bord des routes où de lourdes charrettes tirées par les chevaux noirs de l'île ont remplacé les traîneaux. Dans l'est, mai est encore froid et pluvieux, et seul juin amène une certaine tiédeur, qui peut devenir la vraie chaleur humide du Japon estival en juillet et en août, jusqu'à ce que l'automne commence à dégarnir les chênes et les hêtres.

Vous ne manquerez pas de vous api-

toyer sur les restes du peuple aïnou, devenus, à l'égal des ours domestiques que ses derniers représentants exhibent devant le voyageur, à côté de leur pauvre artisanat, de simples objets touristiques. Leurs fêtes ont localement préservé la magie colorée des libres tribus de la taïga, mais, au total, le spectacle peut ne pas être vu. Plus encore que dans les autres îles japonaises, la nature est ici jalousement protégée et plusieurs parcs nationaux aux routes bien aménagées, aux hôtels chauds et confortables, préservent pour vous les plus beaux endroits de cette austère et sauvage province. Si vous êtes gourmet, les délicieuses huîtres élevées sous la glace du lac Saloma, près d'Abashiri, ne demandent qu'à paraître sur votre table.

C'est ici, aux bords frissonnants des eaux sibériennes, dans la douce lumière du nord, que s'achèvent les vacances japonaises. Parti des touffeurs tropicales de Kyūshū, après avoir semé de temples et de jardins les riches campagnes du Kansai et enseveli la côte du Pacifique de cités tumultueuses, ce peuple industrieux et pratique a trouvé sur ces rivages la borne septentrionale de son effort millénaire. Si deux bons mois de séjour sont nécessaires pour parcourir notre itinéraire, le charme du Japon est présent partout, et quelques jours seulement, passés où vous arrêtera votre fantaisie, vous en persuaderont aisément.

Un des fameux coqs de Kochi, dont la queue peut atteindre 7 m de long.

INDEX
des principaux noms

A

Abashiri, *81, 157.*
Ago (baie d'), 149.
Aïnou (peuple), 82, 157.
Akahito (Yamabe no), *10.*
Akinari (Ueda), *12,* 134, *134.*
Akita, 100, *111, 155.*
Ako, 28.
Almeida (Louis), 26.
Amakusa (îles d'), 154.
Aomori, 145.
Arashiyama, 105.
Arc (Heida no), *129.*
Ashikaga (clan des), 25, 57, 117.
Ashura (l') [du Kofukuji], *114,* 119.
Aso (mont), *14, 147, 154.*
Asuka (période), 20, 23, 47, 48, 118, *118,* 120.
Atami, 148, 149.
Australie (l'), 43.
Awaji (île d'), *50,* 152.
Azuchi, 29, 152.
Azumamaro (Kada), 134.

B

Bajira (Taisho), *2, 119.*
Bakin (Takisawa), *134, 134, 135, 135.*
Basho (Matsuo), *8,* 79, 110, 133, *133.*
Bekku (Sadao), 143.
Benkei (le géant), *21.*
Beppu, 148.
Biwa (lac), 27, 61, 74, *149,* 150.
Bizen (artisanat de), 104.
Boissonade, 104.
Bouddha (le) de Kamakura, 70, 119.
Boxers (guerre des), 32.
Buncho (Tani), 29.
Byodoin [Uji], 116, 121.

C

Canon (l'usine), *38.*
Canton, 43.
Chamberlain (Basil), 85.
Chiba, 38, 97.
Chikamatsu Monzaemon, 66, 133 à 135, 138, 139, *139.*
Chine, 41, 42, 53.
Chobei, 73.
Choshu, 30.
Chosroès (l'empereur), 53.
Chosu (clan), 31.
Claudel (Paul), 76.
Corée (la), 18, 19, 32, 42, 47, 53, 63, 65, 104, 140, 141; — du Nord, 41, 42; — du Sud, 41, 42, 43.

D

Daigo (l'empereur), 130.
Dan no Ura, 21, *21,* 22, 23.
Deshima (îlot de), 68.
Dokan (Ota), 71.
Dokyo (le moine), 50.

E

Echizen (l'), 25.
Edo (époque), 27, 28, 108, 135.
Edo [Tokyo], 27, 29, 58, 66, 73, 74, 78, 106, 125, 133 à 135, 148; palais d'—, 28. V. aussi **Tokyo.**
Eiheiji (sanctuaire d'), *155.*
Etats-Unis (les), 36, 41 à 43.

F

Formose, 36, 42.
Fou-kien, 68.
François Xavier (saint), 26, *26,* 67, 142.
Fugopé (grottes de), 82.
Fuji (le mont), 4, 10, 76, 144, 145, 149, *151.*
Fujiwara (clan des), 21, 22, 56, 79, 80, 116, 119.
Fuji-Yama (le), V. **Fuji** (mont).
Fukuoka, 4, 24, 145.
Fushimi (château de), 58.

G

Gemmyo (l'impératrice), 129.
Genji (Roman de), **22,** 55, 56, 104 à 106, 123, 130 à 132, 134, 136.
Genroku (l'ère), 73, 125.
Gidayu, 73.
Gifu, 12.
Ginza, *75.*
Go-Daigo (l'empereur), **24,** *24,* 25.
Gora, 149.
Gotoba (l'empereur), 23.
Gyogudo (le peintre), 125.

H

Hagi, 154, 155.
Hakata (baie de), 24.
Hakodate, 145; port, 30.
Hakone (col de), 149.
Hakuho (période), 23, 118.
Hakuseki (Arai), 29.
Hamamatsu, 149.
Hamana (le lac), 149, 150.
Haneda, 145; aéroport, 144.
Haniwa (sculpture), *117.*
Harakiri [film], 109.
Harris (Townsend), 30.
Harunobu (le peintre), 106, *125,* 128.
Hayama (Mitsuaki), 143.
Heian 22, 54, 55, 79, 132, 137; âge de —, 119; cour de —, 105, 131; époque —, 21, 22, 48, 80, 104, 108, 109, 112, 116, 119, 123, 141; sanctuaire —, 54. V. aussi **Kyoto.**
Heiankyo [anc. Kyoto], 21.
Heiji Monogatari, 130.
Heijokyo, 20, 21.
Heike Monogatari (le), 131, 132.
Hekura (l'île de), 93, 155.

I

Hidari Jingoro, 78.
Hidetada, 27.
Hideyoshi (Toyotomi), **26** à 29, 57, 58, 60, 63, 65, 71, 78.
Hiei (mont), 25, 116.
Hikone (forteresse de), 152.
Himeji, 152; château, *13.*
Hiraizumi, **79;** temple Chusonji, 79, *79,* 80; temple Konjikido, 80.
Hiro-Hito (l'empereur), 43.
Hiroshige, *18,* 29, 90, *126,* 128.
Hiroshima, 4, 33, 41, **62** à 64, *93,* 145, 152, 153.
Hisamitsu (Shimazu), 31.
Hojo (clan), 24, 26, 69.
Hokkaido, 4, 18, 30, 39, 81, 92, 145, *,148,* 150, 157, *157.*
Hokuriku, 155.
Hokusai (le peintre), 90, *126,* 128, *128,* 134, *135.*
Honda, 34.
Honen (le moine), 70.
Honshu (île de), 4, *13,* 19, 90, 145, 155, 157; le mont Zao, *150.*
Hoodo [du Byodoin], 119.
Horikawacho, *41.*
Horyuji, 20, 47, 48, 116, 120; Sho Kannon, *118;* Triade de Çakyamouni, 118, *122;* — Yumedono, 128.

I

Iemitsu, 27, 77.
Ieyasu Tokugawa, 26 à 28, 66, 71, 77, 78, *78,* 149.
Ikenoyu (le lac), *148.*
Ikitsuki (île d'), 154.
Ikku (Jippensha), 135.
Intérieure (mer), 21, *146,* 153.
Io San [volcan], 82.
Ise, 18, **45,** 46, 148; le Naiku, *45;* sanctuaire, 45, 46, *78,* 115, 149.
Ise (les Contes d'), 130, 134.
Ishii (Maki), 143.
Ishikawa, *154.*
Isu (péninsule d'), *153.*
Ito, 145, 149, *153.*
Iwajuku, 16.
Izumo, *16,* 18, 115, 154.

J

Jimmu (l'empereur), 45, 47, 129, 140.
Jingo Kogo, 19.
Jocho (le sculpteur), 119.
Josetsu, 57.
Junichiro (Tanizaki), 136.
Jurakutei, 58.
Justinien, 53.

K

Kafu (Nagai), 136.
Kagoshima, 145, 154.
Kamakura, **22** à 25, 29, 53, 57, **69** à 71, 108, 116, 131, 148; âge de —, 26, 121; époque —, 48, 116, 119, **140,** 141; sanc-

tuaires : l'Engakuji, 70, 116; le Grand Bouddha, 70, 119; Hachiman, 70; Jufukuji, 70; Kenchoji, 70, *70.*
Kamegaoka, 17.
Kammu (l'empereur), 21.
Kamo [riv.], 21, 89.
Kanami (Kanze), 132, 137.
Kanazawa, *18,* 93, 154, 155; parc Kenroku-en, 152.
Kanegashima, 26.
Kannon (la) du Yumedono [au Horyuji], 118.
Kano (école), 125.
Kansai, 152, 157.
Kansei (l'ère), 30.
Kanto (plaine de), 27.
Karuizawa, 87.
Kashikojima, 149.
Kashiwahara, 47.
Kasuga (sanctuaire de), 53.
Kato (Yukihito), *153.*
Katsura [riv.], 21.
Katsura, *78;* villa —, *77, 117.*
Kawabata (Yasunari), 70, *136, 136.*
Kawasaki, 4, 38.
Keichu (Shaku), 134.
Keiei (Matsudaira), 31.
Keiko (l'empereur), 71.
Kemmu (l'ère), 24.
Kenko (Urabe), *6, 13.*
Kenzan (le peintre), 66, 125.
Khoubilay, 24.
Kibi Makibi, 20.
Kii (presqu'île de), 149.
Kineya (Seiho), 143.
Kinki, 18.
Kira, 28.
Kirishima (massif de), 154.
Kishi (Nobosuke), 42.
Kita Kyushu, 4.
Kitakami (plaine de la), *79,* 80.
Kitano, 58.
Koan, 24.
Kobayashi, 109.
Kobe, 4, 38, 42, 152.
Kobo Daishi (le moine), 53.
Kobori, 61.
Kochi, 153, *157.*
Kojiki (chronique), 20, 129.
Koken (l'impératrice), 49, 50.
Kokin waka Shu (poèmes), 129.
Komei (l'empereur), 31.
Komeito, 36.
Kompira, 153.
Komyon (l'empereur), 25.
Konomiya, 106.
Korin (le peintre), 66, *124,* 125.
Kudara Kannon [au Horyuji], 118, *122.*
Kumano, 149, 152.
Kunimaru, *137.*
Kurashiki, 153.
Kuro-shio (le courant), 4.
Kwammu (l'empereur), 50.
Kyoden (Santo), 134.
Kyoho (l'ère), 29.
Kyoto, 4, *18,* 25, 26, 29, 36, *47,* **54,** 55, 57, 59, 61, 66, 71, 74, 75, 77, 80, 89, 96, 100, *106,* 112, 116 à *118,* 121, 125, 133, 135, 148, *148,* 150, *151,* 155. V. aussi **Heiankyo.**
— : atelier de Sanjo, 119; le Chion-in, 60; le Chishaku-in, 59; le Ginkakuji, 56; Higashiyama, 55; jardin du Koke-dera, 60; jardin du Ryoanji, 60, *116;* la Kamo, *14;* le Kin-kaku-ji, 59; le Kiyomizu, 60; le Kozanji, 123; le lac Biwa, 149; le Nanzen-ji, 60; Nishijin, 61; pagode de Yasaka, 60; palais de Fushimi, 60; palais

(ou château) de Nijo-jo, *57, 58, 60, 61, 116, 117*; le Pavillon d'argent [ou Ginkaku-ji], 56, 57, 60, 117; le Pavillon d'or [ou Kinkaku-ji], *57, 59, 60*; la rivière Kamo, 89; Ryoanji, 61; sanctuaire Daigo, *54, 58*; sanctuaire de Fushimi, 100; sanctuaire Heian, *54, 55, 56*; Shinkyogoku, 61; le Taikyokuden, 55; temple Daigoji, *120*; temple Daitokuji 60; temple Ebisu, 99; temple Higashi, 60; temple Honganji, 25; temple Kiyomizu, 57, 60; temple Myoshinji, 60, *121*; temple Nishi-Honganji, 60; temple Tofukuji, 59; le Tokaido, 56; villa de Katsura, 60, **61**; villa de Shugakuin, 61; Yakushinyorai (le) [du Kofukuji], *119*.
Kyushu (île de), 4, 17, 18, 24, 39, 47, 56, 65, 67, 120, 144, 145, 148, 149, 152, **153**, 154, 157; le mont Aso, *14, 147*.

L

Loti (Pierre), 68.

M

Macao, 67.
MacArthur (le général), 33, 99.
Machida, 143.
Mandchoukouo, 33.
Mandchourie, 32, 33, 104, 136.
Manyoshu (le) [poèmes], 20, 130, 132, 134.
Mao Tsé-toung, 37.
Masanobu (le peintre), 125.
Matsue, 155.
Matsukata (le baron), 84.
Matsushima (l'archipel), *14*.
Matsushita (Konosuke), 39.
Matsushita (l'usine), *38*.
Matsuyama, 153.
Mayuzumi (Toshiro), 143.
Meiji (l'empereur), 20, 27, 31, *31*, 32, 68, 74, 84, 86. V. aussi *Mutsu-Hito*.
Meiji (époque), 28, 31, 73, 94, 96, 109, 128, **136**.
Meiji (restauration de), 31, 33.
Menukiya Chosaburon, 133.
Michinaga (Fujiwara no), 21, 131.
Michizane (Sugawara no), 22, 56.
Mikasa (le prince), 46.
Miki Rofu, 8.
Mikoto (Ninigi no), 45.
Minamoto, 21.
Minamoto (clan des), 25, 141.
Missouri, *33*.
Mito, 30.
Mitsubishi (les), 74.
Mitsubishi (groupe), 38.
Mitsui (groupe), 38.
Mitsunobu, 125.
Mitsuyoshi, 125.
Miura (presqu'île de), 148.
Miyajima (île de), **62**, 63; sanctuaire d'Itsukushima, *63*.
Miyanoshita, 149.
Mizushima (baie de), 153.

Mokuami (Kawatake), 135, 139.
Momoyama (époque), 60, 117.
Mononobe (clan), 20.
Moroi (Makoto), 143.
Moroi (Saburo), 143.
Moroku Bosatsu [sculpture], *118*.
Moscou, 36.
Motonobu (Kano), 125.
Murasaki Shikibu, 104, 130, 132, 134.
Muromachi, 48; époque —, 124.
Musashino (plaine de), 71.
Mutsu-Hito [empereur Meiji], *31*, 74.

N

Naganori (Asano), 28.
Nagaoka, 21.
Nagasaki, 33, 41, 67, 68, 125, 142, 145, 152, 154; sanctuaire de Suiwa, 67.
Nagoya, 4, 25, 27, 46, 149, 152; sanctuaire de Tagata, 101.
Namboku (Tsuruya), 135.
Naoya (Shiga), 136, *136*.
Nara (époque de), 26, 48, *114*, 118, 119, 141.
Nara, 18, 20, 23, 25, **47**, *47*, 49, 52 à 56, 61, 66, 70, 77, 79, 80, 87, 129, 148, *155*; le Chuguji, 48; Heiankyo, 130; le Horyuji, *53*, 65, *122*; le Kasuga, 49, *50*; le parc, *50*; le Shosoin, 20, 53, *128*; le Todaiji, 20, 48, 53, 65, 116; Yakushiji, 20, *51*.
Narihira (Ariwara no), 130.
Nemu no Sato, 150.
Nichiren (le moine), 24, 25, 70.
Nihonshoki, 20.
Niigata, 145, 155.
Nijo (château), 57, 58, 60, 61, 116, 117.
Nikko, **77**, *77, 78, 110*, 117; le Toshogu, *78*; le Yomeimon, *78*.
Niniwa, 65.
Nintoku (l'empereur), 20, 47.
Nishibetsu (lac de), 157.
Nitta Yoshisada, 25.
Noboribetsu, *157*.
Nobunaga (Oda), **25**, *25*, 26, 27, 29.
Norinaga (Motoori), 134.
Noto (presqu'île de), 155.

O

Oda Nobunaga, **25**, *25*, 26, 27, 29.
Odawara, 148, 149.
Ogai (Mori), 136.
Ogawa (Hirooki), 143.
Okayama, 152.
Okhotsk (mer d'), 81, 157.
Okinawa [Ryukyu], 41, 42.
Okitsugu (Tanuma), 29.
Okuma (marquis), 73.
Onin (l'ère), 25.
Onomichi, 152.
Osaka, 4, 29, 38, *38*, 40, 47, 50, 53, 61, **65**, 66, 71 à 75, 85, 96, 100, 113, 133 à 135, 144, 152, 155, *155*; le château, 57,

65, *101*; le Honganji, 65; le Shitennoji, 47, 65.
Otsu, 150.
Owari, 25.
Oyashirazu, 155.
Ozawa (Seiji), 143.

P

Pearl Harbor, 33, *33*.
Pékin, 36, 41, 42.
Perry (commodore), 30, *30*, 74.
Philippines (les), 41, 43.
Phœnix (pavillon du) ou Byodoin, 116, *121*.
Pimiku [ou Pimiko] (la reine), 19, 47.
Port-Arthur, 32.

R

Riichi (Yokomitsu), 136.
Rikyu, 59.
Rokko (mont), 152.
Ryukyu (archipel des), 42, 142.
Ryunosuke (Akutagawa), 136.

S

Sadaie (Fugiwara no), 133.
Sadanobu (Matsudaira), 30.
Sado (île de), 155.
Saga, 30.
Sahi (le lac), *151*.
Saigyo (le moine), 46, 133.
Saikaku (Ihara), 66, **133**, 135.
Sakai, 66.
Sakakura, 70.
Sakhaline (île de), 145.
Sakurajima [volcan], 154.
Sakutaro (Hagiwara), *14*.
Saloma (lac), 157.
Samba (Shikitei), 135.
Sami (Mikata no), 12.
Sanetomo (Minamoto no), 131, 133.
San-in, 155.
Sapporo, 4, 81, 82, *150*.
Sasebo, 154.
Sato (Eisaku), 36, 41, 42.
Satsuma (clan), 30, 31, 154.
Sei (Ito), 136.
Sei Shonagon, *14*, 104, 130, 133.
Sekigahara (bataille de), 27, 71.
Sendai, 4, 90, *106*.
Sen no Rikyu, 58, *112*.
Séoul, 42.
Sesshu, 57, 59, *120*, 125.
Shibata (Minao), 143.
Shigaraki (porcelaines de), 104.
Shikoku (île de), 4, 6, 92, 102, 144, 149, **153**, 155.
Shimabara (Nagasaki) [château de], 28.
Shimazu (clan), 26.
Shimizu, 149.
Shimoda, 30.
Shimonoseki, 152, 154, 155.
Shingon (secte), 141.

Shinji (le lac), 155.
Shinkai, *120*.
Shinohara, 143.
Shinran (le moine), 70.
Shirakawa (l'empereur), 21.
Shitamachi [à Tokyo], 86.
Shitennoji, 47, 65.
Shizuoka, 70, 149.
Shobutsu, 141.
Shodo (île de), 152.
Shohei (Ooka), 136.
Shojiro (Goto), 31.
Shomu (l'empereur), 53.
Shotoku Taishi (le prince), 20, 20, 47 à 49, 118.
Showa (l'ère), 136.
Shoyo (Tsubo uchi), 134.
Shubun, 57.
Shunsho (le peintre), 128.
Singapour, 43.
Soami, *121*.
Soga (clan), 20.
Sokagakkai (la), 36.
Soseki (Natsume), *14*, 136.
Sotatsu (le peintre), 66, 125.
Soya (cap), 145.
Soya (détroit de), 145.
Suiko (l'impératrice), 20, 65, 118, 129.
Sumida (la), 75.
Sumitomo, 38.

T

Tadakuni (Mizuno), 30.
Tagata (sanctuaire de), 101.
Taiga (le peintre Ike no), 125.
Taika (époque), 20; réforme de —, 102.
Taipeh, 42.
Taira (clan), 21, 56, 63, 69, 141.
Taisho (l'ère), **136**.
Taiwan [Formose], 36, 41 à 43.
Takakuni (Minamoto no), 131.
Takamasa (Kido), 31.
Takanaga (le prince), 25.
Takanowa (pont de), 142.
Takao [Kyoto], 56, 89.
Takauji (Ashikaga), 24.
Takemitsu (Toru), 143.
Takemoto Gidayu, 133.
Takeo (Arishima), 136.
Takiji (Kobayashi), 136.
Tamoro (le prêtre), 49.
Tamba (styles de), 104.
T'ang (les), 56.
Tange, 128.
Tanizaki, 113.
Tankei (le sculpteur), 119.
Tari, 118.
Tchang Kaï-chek (le maréchal), 42.
Tch'ang-ngan, 20 à 22, 49, 55.
Tchikafonça (Minamoto no), 44.
Temmu (l'empereur), 129, 140.
Tempo (époque), 30.
Tempyo (époque), 23, *121*.
Tendai (secte), 25, 116, 119, 141.
Thaïlande, 41, 43.
Toba, 95.
Togo (l'amiral), 32, *32*.
Tojuro (Sakata), 134.
Tokaido, 74, 149; route de —, **148**; train, 40, 56, 145.
Tokugawa (clan des), 28, 29, 32, 58, 77, 117, 125, 131, 133 à 135, 154.
Tokugawa (époque), 25, 102, 106, 142, 143.

Tokushima, 102, 153.
Tokyo, 4, 27, 32, *32*, 33, 35 à
38, 40 à 43, 58, 59, 67, 69,
71, 74, 74, 82, 83, 86, *86*, 87,
89, 89, 92, 94, 97, 98, 102,
104, 106 à 109, 113, 128, *128*,
142, 143, 145, *145*, 146, 148,
149, *149*, 153 à 155. V. aussi
Edo.
— : l'aéroport, 144; Akasaka,
87; Aoyama, 87; Asakusa, 76,
87; Azabu, 87; building Kasu-
migaseki, 72; château d'Edo,
72; gare de Shinjuku, 76;
Ginza, 37, 75, 87, **88**, 97;
Kanda, 89; Kannon [temple],
87; Palais impérial, 72; Roppongi, 87; Shibuya, 87; Shinbashi, 75, 87; Shinjuku, 87;
Shitamachi, 96; le théâtre Kabukiza, 88; tour Mitsubishi,
73; Ueno, 87; la ville basse,
86; Yamanote, 87; Yoshiwara
(quartier), 73, 106.
Tomomi (Iwakura), 31.
Toro, 149.
Tosa, 30.
Tosa (école des), 123, **124**, *124*,
125.
Toshiba (l'usine), *41*.

Toshimichi (Okubo), 31.
Toshodaiji (atelier du), 119.
Toson (Shimazaki), 136, *136*.
Tottori, *155*.
Triade de Çakyamouni, 118,
122.
Tsubo uchi (Shoyo), 135.
Tsugaru (détroit de), 81.
Tsunenaga (le prince), 25.
Tsurayuki (Ki no), 130.
Tsushima, 32; courant de —, 4.

U

Uesugino-Shigefusa (portrait
d'), 119.
Uji, 116, 121; le Byodoin, *115*.
Umayado [prince Shotoku Tai-
shi, ou], 47.
Umeko (prince), 47.
Unkei (le sculpteur), 119.
Uraga, 74.
Usuki, *118*.
Utamaro (le peintre), 106, *127*,
128.
Uwajima, 153.

V - W

Viêt-nam (le), 42; — du Sud,
41.

Wajima, 155.
Wakasa (baie de), 155.
Wakkanai, 145.
Washington, 41, 42.
Webster (l'architecte), 75.
Wei (l'époque), 47.
Wei (Histoire des), 18.

Y

Yakushiji, 120.
Yamada (Kosaku), 143.
Yamamoto (amiral), 33.
Yamashiro (pays de), 25.
Yamato, 17 à 20, 47, 49, 65,
66, 129, 140, 152.
Yamatotake (prince), 71.
Yasumaro (O-no), 129.
Yayoi (époque), **17**, 19, 20.

Yokkaichi, 46.
Yokohama, 4, *35*, 38, 75, 76,
144, 152.
Yomei, 47.
Yonago, 155.
Yorimichi (Fujiwara), 116.
Yoritomo (Minamoto), 21 à 23,
25, 69 à 71, 78, 79, 121.
Yoshiaki, 25.
Yoshihide (Kira), 28.
Yoshimasa (Ashikaga), 57, 117.
Yoshimitsu, 57.
Yoshimune, 29, 30.
Yoshino, 25, 56, 105.
Yoshinobu, 30.
Yoshitaka (Uchi), 142.
Yoshitsune (Minamoto), 21, 70,
132.
Yukichi (Fukuzawa), 135.
Yukinari (Fujiwara), *133*.

Z

Zao (mont), *150*.
Zeami (Kanze), 132, 135, 137,
141.
Zengakuren (les syndicats), 37.

PHOTOGRAPHIES

*Les chiffres entre parenthèses correspondent à la disposition des
photographies numérotées de gauche à droite et de bas en haut.*

Ambassade du Japon, 70. — **Atlas-Photo,** Boutin, 146 (1); Jouanne, 147, 151 (1); Lénars,
42, 55, 58 (1); 62; Raspail, 113 (1). — **J. Bottin,** 50 (1), 57 (1), 65, 66 (2), 72 (1), 87 (1),
103 (1), 116, 155 (1). — **Boudot-Lamotte,** 121. — **G. Boutin,** 63, 78 (2), 90 (2), 106 (2),
111 (1), 151 (2). — **E. Gillon,** 54 (1). — **Giraudon,** 16 (2), 123, 124 (2), 126 (1-2), 128 (1),
137 (1). — **M. Hétier,** 23, 43 (1), 46 (1-2), 47, 48 (1-2), 52, 57 (2), 68 (1), 73 (2), 81 (3),
82 (2), 92 (3), 101, 102 (1), 112, 145 (2), 148 (1-2). — **Holmes-Lebel,** 140 (1); Bonnet,
152 (2); Camera Press, 67, 68 (2), 85 (1), 86 (2), 89 (3), 96, 97 (1), 100 (1), 102 (2),
104 (2), 105 (1), 142 (2); Falk, 153 (1); F. G. P., 12, 150 (1), 156; Globe Photos, 110 (1-3);
Kovaleff, 49 (1); Leininger, 35 (1); Orion Press, 51, 58 (2), 146 (2), 154 (1). — **Larousse,**
16 (1), 17, 18 (2), 19, 20, 21 (1-2), 22 (1-2), 24 (1-2), 25, 27 (1-2), 28, 29 (1-2), 30 (1-2-3),
31 (1-2), 32 (1-2), 109 (2), 120 (1), 124 (1), 125, 127, 129, 132 (1-2), 133 (2-3), 134 (2),
135, 136 (1-2), 141; D. Darr, 118 (1); Gribayedoff, 32 (3). — **Magnum,** Bischof, 117; Buri,
103 (2); Glinn, 9, 10-11, 128 (2); Riboud, 74 (1), 90 (1), 92, 94 (1); Schwab, 89 (1),
93 (3), 100 (2). — **Parimage,** Camera Press, 13 (1), 35 (2), 39 (1), 40 (1), 41, 73 (1),
76 (2), 77, 83, 97 (2), 105 (3), 136 (3), 145 (1), 149 (2), 152 (1), 153 (2), 154 (2). — **Rapho,**
Brake, 74 (2), 106 (1-3); Eagst-West, 75; Frédéric, 120 (2); Gerster, 56 (1), 61, 151 (3);
Halot, 104 (1); Koch, couverture 3, 45; Launois, 14 (1), 91; Miyazawa, 150 (1); Pana
Feature, 43 (2); Ricciardi, 95; Serraillier, 107, 149 (1); Silberstein, 78 (1); Silvester, garde 1,
8, 37 (1), 56 (2), 64 (2), 81 (2), 82 (1), 89 (2), 92 (2), 108, 109 (1), 113 (2), 118 (2), 157 (2). —
A. Robillard, 157 (1). — **Teuri Central lib.,** 133 (1). — **Ed. Charles Tuttle,** 140 (2). —
Shogakkan, 122 (1-2), 134 (1). — **USIS,** 33 (1-2). — **Vautier-Decool,** couverture 1-2-4,
garde 2, 6-7, 13 (2), 14 (2), 15, 18 (1), 34, 36 (1-2), 37 (2), 38 (1-2), 39 (2), 40 (2), 49 (2),
50 (2), 53 (1-2), 54 (2), 56 (3), 59, 60 (1-2), 64 (1), 66 (1), 69, 71, 72 (2), 76 (1), 79, 80 (1-2),
81 (1), 84 (1-2), 85 (2), 86 (1), 87 (2), 88 (1-2), 93 (1-2), 94 (1), 98, 99, 100 (3), 105 (2),
110 (2), 111 (2), 114, 115, 119, 137 (2), 138, 139 (1-2), 142 (1), 143, 144, 155 (2). —
Wide-World, 33 (3).

Carte des Grandes Étapes (p. 44) : **Georges Pichard.**
Mise en pages : **Pol Depiesse.**

IMPRIMERIE G. E. A., via Assab, Milan. — Dépôt légal 1971-4ᵉ. — Nᵒ série Éditeur 6908
IMPRIMÉ EN ITALIE (*Printed in Italy*). — 53 115-A-10-74